IDEEN FÜR TERRASSE, GARTEN & BALKON

25 Projekte aus Holz und Beton zum Leben, Wohnen und Entspannen

MICHAEL R. ANDERSON

LEOPOLD STOCKER VERLAG
GRAZ – STUTTGART

Quarto is the authority on a wide range of topics.
Quarto educates, entertains and enriches the lives of our readers—enthusiasts and lovers of hands-on living.
www.quartoknows.com

Umschlaggestaltung: DSR Werbeagentur Rypka GmbH, 8143 Dobl, www.rypka.at

Bildnachweis: Umschlagabb. Vorderseite: Michael R. Anderson / Umschlagabb. Rückseite: Michael R. Anderson / Abb. Innenteil: Michael R. Anderson (sofern nicht anders ausgewiesen)

Titel der Originalausgabe: Michael R. Anderson: Deck & Patio Furnishings. Seating, Dining, Wind & Sun Screens, Storage, Entertaining & More, © Quarto Publishing Group USA Inc. Text, Abbildungen und Illustrationen © Michael R. Anderson (soweit nicht anders ausgewiesen).

Zuerst veröffentlicht 2016 von Cool Spring Press, einer Verlagsmarke der Quarto Group, 401 Second Avenue North, Suite 310, Minneapolis, MN 55401 USA. T (612) 344-8100 F (612) 344-8692, www.QuartoKnows.com

Aus dem Englischen ins Deutsche übertragen von Nina Schön

Der Inhalt dieses Buches wurde von der Übersetzerin und vom Verlag nach bestem Wissen überprüft; eine Garantie kann jedoch nicht übernommen werden. Die juristische Haftung ist daher ausgeschlossen.

Bibliografische Information der Deutschen Nationalbibliothek
Die Deutsche Nationalbibliothek verzeichnet diese Publikation in der Deutschen Nationalbibliografie; detaillierte bibliografische Daten sind im Internet unter http://dnb.d-nb.de abrufbar.

Hinweis: Dieses Buch wurde auf chlorfrei gebleichtem Papier gedruckt. Die zum Schutz vor Verschmutzung verwendete Einschweißfolie ist aus Polyethylen chlor- und schwefelfrei hergestellt. Diese umweltfreundliche Folie verhält sich grundwasserneutral, ist voll recyclingfähig und verbrennt in Müllverbrennungsanlagen völlig ungiftig.

Auf Wunsch senden wir Ihnen gerne kostenlos unser Verlagsverzeichnis zu:
Leopold Stocker Verlag GmbH
Hofgasse 5/Postfach 438
A-8011 Graz
Tel.: +43 (0)316/82 16 36
Fax: +43 (0)316/83 56 12
E-Mail: stocker-verlag@stocker-verlag.com
www.stocker-verlag.com

ISBN 978-3-7020-1680-7

Printed in China

DANKSAGUNGEN

Ich danke Mark Johanson und Brad Springer, die mir die Gelegenheit eröffnet haben, dieses Buch zu erarbeiten. Dank geht auch an Jason Swanson von Techtronic Industries (TTI) für die Bereitstellung jener Werkzeuge, mit denen die Projekte dieses Buches umgesetzt werden konnten.

Vielen Dank an das Team des Magazins „Handy", ganz besonders an Mike Berger, Larry Okrend, Dan Cary, Jenny Stanley und Connie Bastyr, das es mir ermöglichte, meine handwerklichen Fähigkeiten über einen Zeitraum von zehn Jahren bei diesem Magazin zu verfeinern. Meine Erfahrungen dort haben meine Fähigkeiten und mein Verständnis so reifen lassen, dass dieses Buchprojekt möglich wurde. Danke an Dale Berns von Metro Homes, der mir durch sein Können gezeigt hat, wie wahre Kunstfertigkeit mit Holz aussieht. Dank ergeht im Weiteren an Mike Tavis, der mir sein Werkzeug lieh, mir bei meinem Projekt beratend zur Seite stand und mit mir seine Lebensmittel teilte.

Mein Dank geht im Weiteren an Annie Berns und Walter Johnson, die mich in ihren schönen Garten gelassen haben.

Diese Publikation wäre nicht ohne die Unterstützung, Ermutigung und Liebe meiner Töchter Lizzy und Gracie möglich gewesen. Ich bin so stolz auf euch beide. Zu guter Letzt Doris, die Liebe meines Lebens, meine Muse, meine Weise und meine beste Freundin, der dieses Buch gewidmet ist. Danke, mein Schatz. Ich bewahre dich in meinem Herzen und meiner Seele.

INHALT

Da es sich bei diesem Buch um eine Übersetzung aus dem Englischen handelt, finden Sie im Anhang eine Reihe von Umrechungstabellen (Maße, Temperatureinheiten) sowie Maßangaben für Hölzer.

EINLEITUNG

Terrassen, Balkone und Veranden sind mehr als nur Erweiterungen unseres Zuhauses; sie sind Erweiterungen unserer Persönlichkeit. Wir gestalten sie, damit sie unseren Bedürfnissen und Wünschen sowie unserem Stil entsprechen. Wir entspannen uns dort, bewirten unsere Liebsten oder feiern besondere Anlässe in diesen Lebensräumen im Freien. Einige der wichtigsten Momente unseres Lebens spielen sich auf Terrassen, Balkonen und Veranden ab. Es ist also nicht überraschend, wenn wir viel Zeit investieren, um sie so attraktiv und individuell wie möglich herzurichten.

Die Händler verstehen, wie wir über unsere Terrassen, Veranden und Balkone denken, und investieren in ein großes und abwechslungsreiches Angebot von Möbeln sowie dekorativen Accessoires in ihren Geschäften. Die gesamte Freizeit-Lifestyle-Industrie ist somit zu einem Gewerbe mit hohen Umsatzzahlen geworden. Terrassengestaltung, das sind nicht mehr nur einfache Plastikstühle, ein Tisch und ein Grill. Es geht vielmehr darum, die Terrasse, die Veranda oder den Balkon zu einem größeren Teil des Zuhauses zu machen und die Annehmlichkeiten und Vorzüge im Wohnungsinneren auch nach draußen zu bringen.

Ähnlich wie das Interesse am Verschönern und Erweitern unserer Lebensräume im Freien weiter wächst, wachsen auch die kreativen Möglichkeiten, unsere eigenen Projekte individuell zu gestalten, zu entwerfen und zu bauen. Outdoor-Küchen, Feuerstellen, Wasserspiele und Pergolen zieren Terrassen und Balkone; ständig werden neue Ideen entwickelt und von wagemutigen Heimwerkern verwirklicht. Gleichzeitig gibt es ein wachsendes Interesse an der Wiederverwertung, was bei vielen Outdoor-Projekten gut funktioniert. Eine schnelle Internetsuche erbringt eine Vielzahl an Outdoor-Möbeln, die aus einfachen Holzpaletten oder anderen recycelten Materialien wie Beton, Glas, Stein und Fliesen gebaut werden.

Bauvorhaben für Ihren Garten sind nicht nur ein angenehmer Zeitvertreib, sondern können auch finanziell von Vorteil sein. Da die Preise für Outdoor-Möbel teilweise überteuert sind, ergibt es Sinn, eine Kombination aus Materialien, Know-how und Kreativität zu nutzen, um eigene zu bauen.

Das Plus: Das Gefühl der Zufriedenheit, etwas selbst gebaut zu haben, lohnt sich. Einige Arbeiten könnten sogar wertvolle Familienerbstücke werden, die dann nicht nur einen materiellen Wert haben. Wenn die Leute sich an Sie wenden und fragen „Hast du das gebaut?" oder verkünden „Ich will auch so eines!", können Sie stolz auf das sein, was Sie zu Wege gebracht haben.

Dieses Buch zeigt Anfängern einfache Bautechniken, um professionell wirkende Ergebnisse mit Standardmaterialien und -werkzeug zu erzielen. Funktional, aber raffiniert können die Projekte auf diesen Seiten individuellen Wünschen angepasst werden. Es werden nur Basiswerkzeuge verwendet und einige Werkstücke können mit einfachstem Handwerkzeug gebaut werden. Alle Materialien sind im Handel erhältlich und das Holz weist meist Standardmaße auf. Vorsichtshalber muss erwähnt werden, dass die Maße des Schnittholzes von der Originalgröße abweichen können, aber mit sorgfältigem Messen und Zuschneiden können hervorragende Ergebnisse erzielt werden. Sie können die Projekte auch beliebig verändern oder andere als die angegebenen Hölzer verwenden. Achten Sie in diesem Fall besonders auf das Zuschneiden.

Die verwendeten Werkzeuge sind, da zum Standardrepertoire gehörend, in den meisten Baumärkten erhältlich. Alle gezeigten Projekte können per Hand und mit tragbarem Werkzeug gebaut werden. Jene, die über fortgeschrittenere Kenntnisse und komplexere Elektrowerkzeuge verfügen, können die gleichen Werkstücke unter Anwendung raffinierterer Bautechniken herstellen.

Ganz gleichgültig aber, was sich in Ihrem Werkzeugkasten befindet, denken Sie immer zuerst an Ihre Sicherheit. Seien Sie sich Ihrer Fertigkeiten bewusst und arbeiten Sie entsprechend umsichtig.

Vor der Benutzung eines Werkzeuges ist es angezeigt, sich die Gebrauchsanweisungen zu vergegenwärtigen. Nehmen Sie Warnschilder zur Kenntnis, tragen Sie Sicherheitsbrillen, eine Staubmaske und, wenn nötig, einen Gehörschutz. Das Werkzeug immer ausschalten und abstecken, bevor irgendwelche Einstellungen vorgenommen werden. An gut beleuchteten, trockenen Orten arbeiten und sicherstellen, dass die Elektrowerkzeuge geerdet sind. Lassen Sie sich während der Arbeiten beim Zusammenbau, Heben und Bewegen helfen.

Wenn Sie sich die Zeit nehmen, Ihre eigenen Terrassen- und Balkonmöbel zu bauen, üben Sie auch nicht nur ein wenig Einfluss auf Ihre unmittelbare Umgebung aus, sondern sparen auch noch Geld. Außerdem erwerben Sie während des Bauens Fertigkeiten und haben die Genugtuung, zu wissen, dass die Möbel, an denen Sie sich erfreuen, einzigartig sind.

Die PROJEKTE

HOCHBEET AUS PANEELEN

Heben Sie Ihre Lieblingspflanzen auf ein Podest und machen Sie Ihre Terrasse oder Ihren Balkon zum Blickfang.

Es gibt unzählige Möglichkeiten, ein Hochbeet zu bauen. Letzten Endes ist es aber nur eine hübsch anzusehende Kiste, in die wir unsere Pflanzen stellen. Diese Version weicht davon ein wenig ab, da sie die Holzpaneele nachahmt, die typischerweise für Tischplatten und andere Innenmöbel verwendet werden. Die traditionelle Art, Holzpaneele zu bauen, erfordert exaktes Arbeiten, von Hobel und Raubank bis hin zu komplexeren Werkzeugen. Dieses Paneel-Design ist im Vergleich jedoch viel einfacher. Für das Foto wurden Zedern- und Mahagoniholz in Standardmaßen, gewöhnliches Tischlerwerkzeug wie Säge, Bohrer und Zwingen sowie Leim verwendet. Sie können zwei andere beliebige Hölzer verwenden. Die Paneele, die daraus entstehen, sind vielleicht nicht so perfekt glatt und flach, wie sie es für einen Esstisch sein müssten, aber man kann das Objekt in ein paar Stunden bauen und ansprechende Ergebnisse erzielen.

Durch die Verwendung von Zedernholz- (4 x 9 cm) und Mahagonibrettern (3 x 4 cm) sticht das Erscheinungsbild der Paneele ins Auge. Die Bänder aus dem dunklen Mahagoni stehen drastisch im Kontrast mit dem helleren Zedernholz. Wählen Sie die beste Holzqualität, die Sie bekommen können und suchen Sie die geradesten Bretter heraus. Man kann das Holz einzeln zuschneiden oder ein großes Paneel bauen und es nach dem Zusammenbauen in einzelne Abschnitte schneiden, wie es auf der nächsten Seite gezeigt wird. Egal welche Methode verwendet wird, am Ende entsteht ein schönes Hochbeet, das sich vom üblichen Kasten abhebt.

HOCHBEET AUS PANEELEN

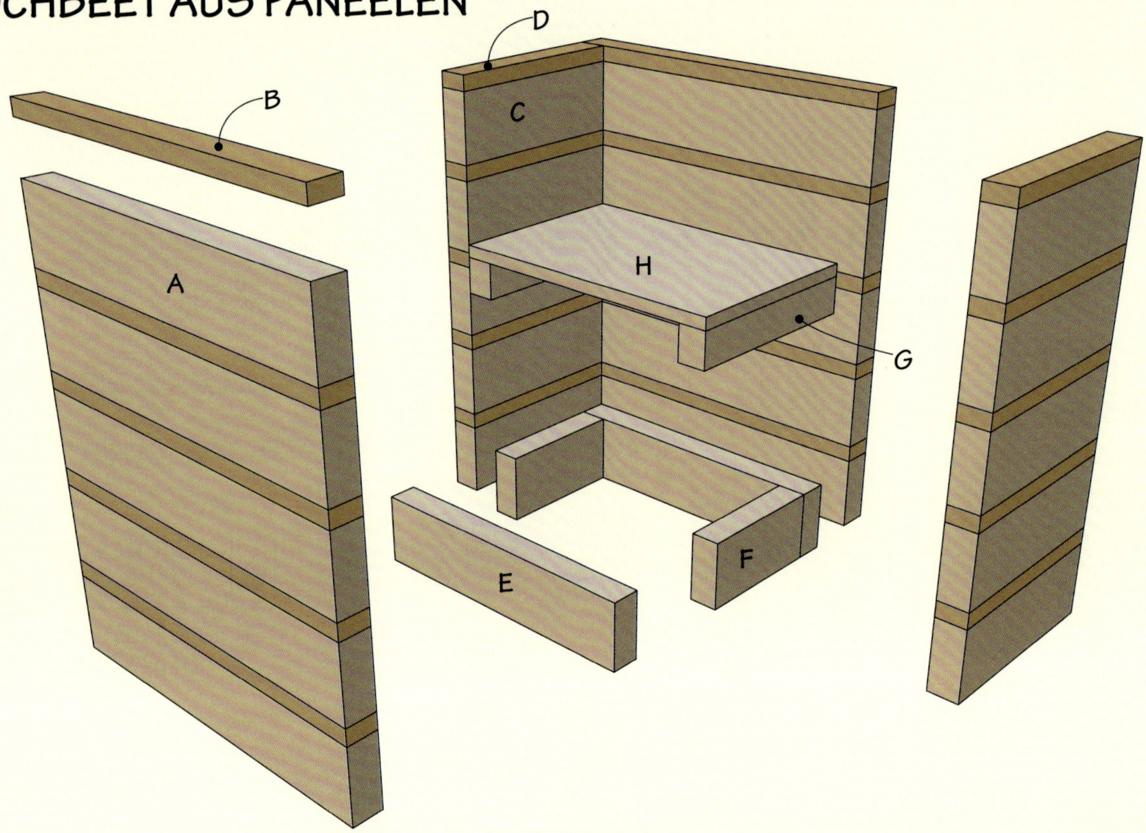

POSITION DER SACKLOCHBOHRUNGEN

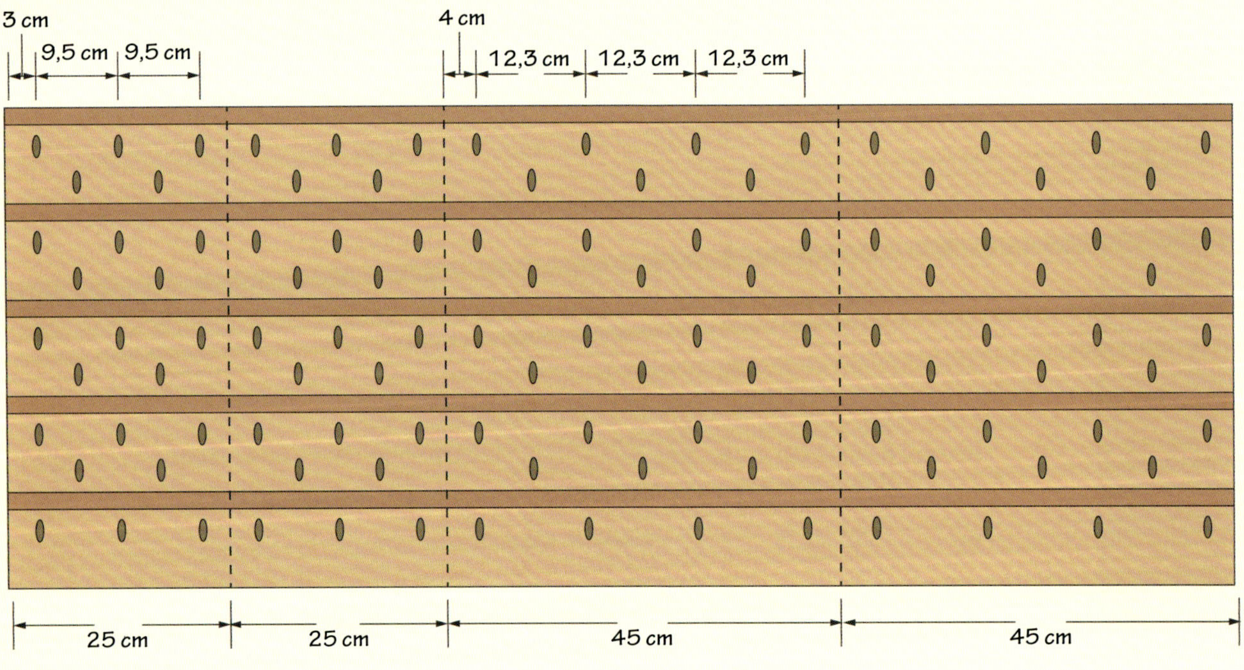

Zuschnittliste

Legende	Menge	Beschreibung	Maße
A	10	Front/Rückseite, Zeder	4 x 9 x 45 cm
B	10	Front/Rückseite, Mahagoni	3 x 4 x 45 cm
C	10	Seitenteile, Zeder	4 x 9 x 25 cm
D	10	Seitenteile, Mahagoni	3 x 4 x 25 cm
E	2	Front/Rückseite Sockel	4 x 9 x 37 cm
F	2	Seitenteile Sockel	4 x 9 x 17 cm
G	2	Regalstützen	4 x 4 x 25 cm
H	1	Regal	2 x 25 x 37 cm

Materialliste

Menge	Beschreibung
10	Zeder (alternativ: Fichte, Lärche, Kiefer) 4 x 9 x 300 cm
10	Mahagoni (alternativ: ein beliebiges dunkleres Holz), 3 x 4 x 300 cm
	Rostfreie Schrauben für Sacklochbohrungen, 6,5 cm
	Leim für den Außenbereich
	Plastikabdeckung (optional)

Werkzeug	
Bohrer/Schrauber	Säge
Maßband	Zwingen
Winkelmaß	

Arbeit mit Sacklochverbindungen

Sacklochbohrungen erzeugen bei Holz Stoßverbindungen, die praktisch sofort gemacht sind und einfache Stoßverbindungen in Stärke und Zuverlässigkeit der Justierung übertreffen. Um Sacklochbohrungen herzustellen, benötigt man eine günstige Schablone zum Festklemmen (linkes Foto), einen speziellen Bohraufsatz, um die Sacklöcher zu bohren, und einen langen Schraubaufsatz (mittleres Foto) sowie einige selbstschneidende Schrauben für Sacklochbohrungen, die so gestaltet sind, dass der Kopf unter der Holzoberfläche versenkt ist, wenn die Verbindung fertig ist (rechtes Foto).

Bauanleitung Hochbeet aus Paneelen

1

(#1) Zunächst die Zedern- und Mahagonibretter auf 140 cm zuschneiden. Es sollte gelingen, Holz in einem Baumarkt oder Holzlager ausfindig zu machen, das die in der Zuschnittliste gezeigten Maße hat. Wenn nicht, muss Holz mit einer anderen Breite gekauft und mit Hobel und Raubank zurechtgeschnitten werden. Die Sacklochbohrungen oben und unten in die 4 x 9 cm breiten Zedernbretter bohren und dabei dem Diagramm für die Anordnung auf Seite 14 folgen.

(#2) Zunächst die 3 x 4 cm starken Mahagonibretter zwischen die Zedernbretter legen. Danach den Holzleim zwischen jede Holzschicht auftragen und diese zusammenzwingen. Ein Holzrest (4 x 9 cm) kann als Zulage dienen, um die Bretter an die Arbeitsplatte zu klemmen, die so glatt wie möglich sein sollte. Einen Gummihammer verwenden, um die Bretter zurechtzuschieben, und dann die Zwingen festziehen. Danach die 6,5 cm langen Schrauben in die Sacklochbohrungen von beiden Seiten in die Mahagonibretter schrauben und den Leim trocknen lassen.

2

(#3) Die Zwingen entfernen und die Schnittlinien anzeichnen, um die verleimte Platte in vier kleinere Paneele (Front, Rückseite und zwei Seitenteile) zu teilen. Die Paneele entlang der Schnittlinien mit einer Kreissäge und einer geraden Führungsschiene schneiden.

(#4) Sacklochbohrungen in die beiden schmalen Seitenteile bohren und dann mit 6,5 cm langen Schrauben für Sacklochbohrungen an den Paneelen von Front und Rückseite befestigen, sodass die Kiste entsteht. Darauf achten, den Stoß zwischen den Paneelen so bündig und glatt wie möglich zu machen.

(#5) Die Sockelleiste (4 x 9 cm) an der Unterseite an den Innenflächen der Kiste mit weiteren Schrauben befestigen. Die Leisten sollten 4 cm (und nicht mehr) aus der Kiste herausragen, sodass ein „Fuß" für die Kiste entsteht, damit sie stabiler steht und Zedern- und Mahagonibretter in besserer Qualität nicht auf dem Boden stehen. Ein Paar 4 x 4 cm starke Regalbodenträger mittig als Stützen an der Innenseite der Kiste hinzufügen. Das Regal aus 2 cm starkem Sperrholz für den Außenbereich schneiden und an den Regalbodenträgern befestigen. Die Kiste und das Regalbrett mit Plastik auslegen und bepflanzen oder einfach einen Pflanzenkübel hineinstellen.

2

SITZBANK MIT BLUMEN-TOPF

Raffinierter Stil, integrierter Blumentopf und Stauraum im Inneren; alles aus gewöhnlichen 4-x-9-cm-Brettern

Diese stilvolle Bank setzt mit ihren eleganten Winkeln und ihren ausgewogenen Proportionen ein Ausrufezeichen auf jeder Terrasse oder jedem Balkon. Die Beine wiederholen den verwinkelten Akzent von Front und Rückseite und verleihen dieser Sitzgelegenheit eher das Aussehen einer Couch als einer Bank. Sie ist so dimensioniert, dass sie noch zu transportieren ist und enthält eine Öffnung für einen Pflanzkübel, die aber auch einen Blumentopf, Ziergras oder sogar einen Bonsai enthalten könnte.

Ein interessanter Aspekt an diesem Design ist, dass es vollständig aus 4-x-9-cm-Brettern gebaut wird. Die Bretter werden an den Kanten geleimt, um die Blenden zu formen, und von Leisten gestützt, die als Beine eine doppelte Aufgabe erfüllen. Die Blenden an den Seiten werden von den Enden her eingesetzt, was die Winkel hervorhebt. Die Sitzfläche enthält auch einen Bereich zum Abnehmen, sodass innen Stauraum entsteht.

Diese unverwechselbare Bank sieht sicher toll aus, wenn sie aus einem exotischen Holz gebaut wird, ist aber ebenso attraktiv, wenn sie aus einem alltäglichen (und kostengünstigen) Kiefernholz mit Standardmaßen konstruiert und gestrichen oder gebeizt wird.

SITZBANK MIT BLUMENTOPF

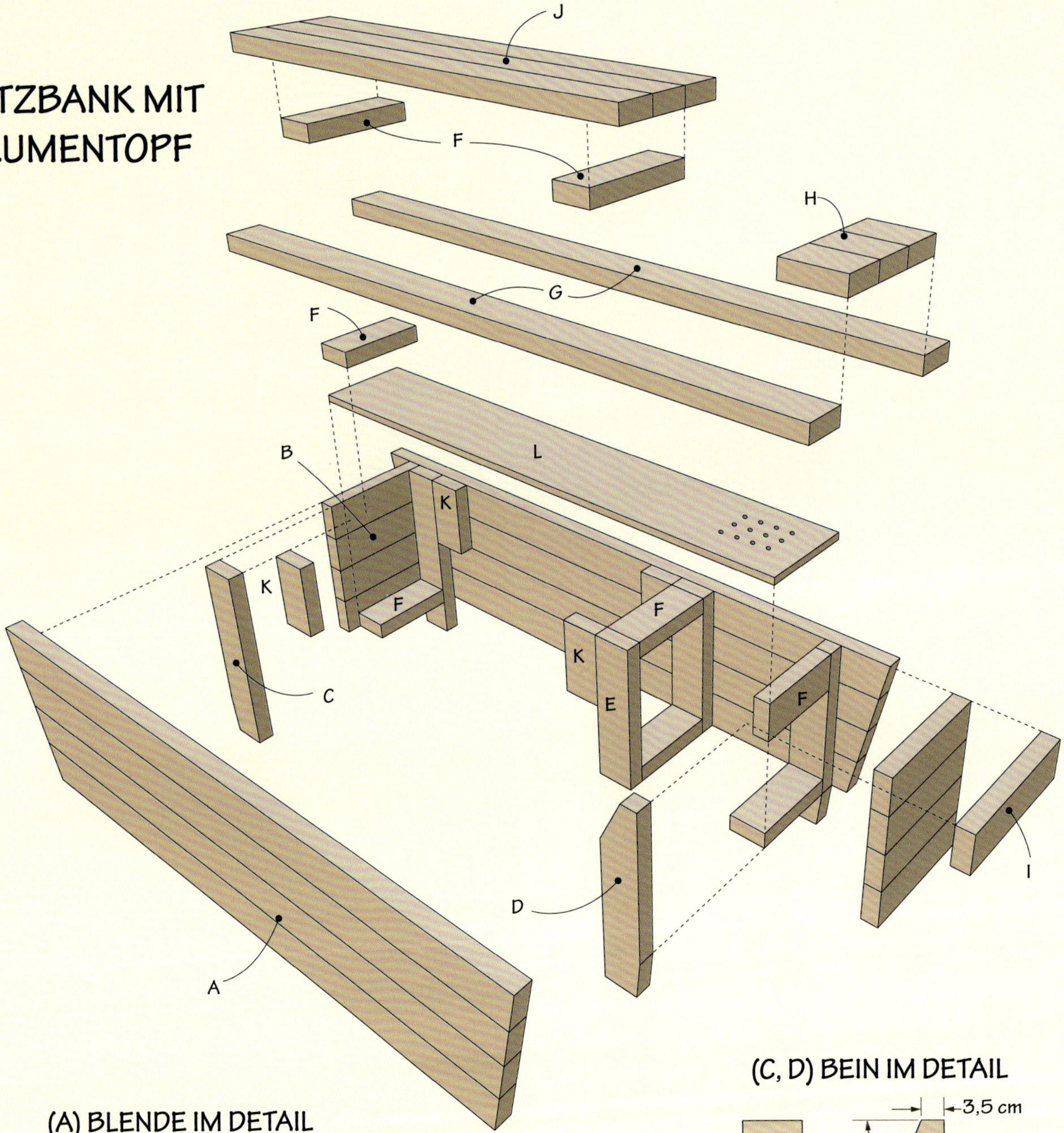

(A) BLENDE IM DETAIL

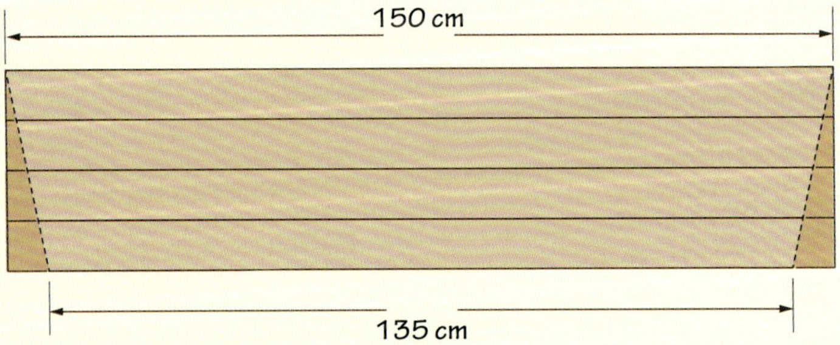

(C, D) BEIN IM DETAIL

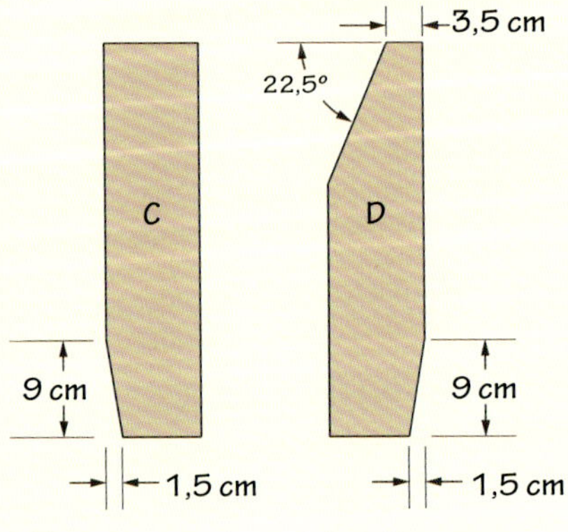

Zuschnittliste

Legende	Menge	Beschreibung	Maße
A	8	Blenden für Front/Rückseite	4 x 9 x 150 cm
B	8	Blenden für die Seiten	4 x 9 x 30 cm
C	2	Seitenbeine Stauraum	4 x 9 x 45 cm
D	2	Seitenbeine Blumentopf	4 x 9 x 45 cm
E	2	Rahmen in der Mitte	4 x 9 x 36 cm
F	8	Querstreben	4 x 9 x 22 cm
G	2	Bretter für Sitzfläche, außen	4 x 9 x 158 cm
H	3	Bretter für Sitzfläche, Ende	4 x 9 x 21 cm
I	1	Verstärkung der Sitzfläche, Ende	4 x 9 x 30 cm
J	3	Abnehmbare Bretter für Sitzfläche	4 x 9 x 107 cm
K	4	Führung der Sitzfläche, Mitte	4 x 9 x 18 cm
L	1	Boden des Stauraums/Blumentopfs	2 x 30 x 120 cm

Materialliste

Menge	Beschreibung
12	Zeder (alternativ: Kiefer, Fichte), 4 x 9 x 300 cm
1	Sperrholz, 2 x 30 x 102 cm
	Rostfreie Schrauben für Sacklochbohrungen, 6,5 cm
	Terrassenschrauben, 6 cm
	Terrassenschrauben, 6,5 cm
	Holzleim für den Außenbereich

Werkzeug	
Bohrschablone für Sacklochbohrungen	Säge
Bohrer/Schrauber	Zwingen
Maßband	

Bauanleitung Sitzbank mit Blumentopf

1

2

(#1) Fügen Sie die vier auf eine Länge von 150 cm zugeschnittenen Blenden (4 x 9 x 150 cm) zusammen und spannen Sie sie mit Zwingen ein. Sie können die Beine und den Leim benutzen, um die Blenden zusammenzuhalten, aber eine 6,5 cm lange Schraube mit Sacklochbohrung alle 25 cm zieht die Bretter zusammen und macht die Blenden stärker. Man sollte zwischen den Brettern einen Leim verwenden, dessen Qualität für den Außenbereich geeignet ist. Die Winkel abmessen (siehe Illustration) und markieren, dann unter Zuhilfenahme einer Führungsschiene mit der Kreissäge abschneiden.

(#2) Die vier Beine mit einer Handsäge so zuschneiden, dass sie, dem „Bein im Detail" auf Seite 20 entsprechend, zu den Blenden passen.

3

4

(*#3)* Den Rahmen/die Beine mit 6,5 cm langen Terrassenschrauben zusammenschrauben und auf die winkeligen Zuschnitte oben an den Beinen des Blumentopfs achten. Diesen Verschnitt zu entfernen, hilft, dass sie in der Öffnung des Blumentopfs weniger zu sehen sind. Auch auf die Sacklochbohrungen in den Querstreben achten. Sie sind dazu da, die oben befestigte Sitzfläche sicher geschlossen zu halten.

(#4) Abmessen, den rechten Winkel überprüfen und dann die Beine/den Rahmen an den Blenden der Vorder-/Rückseite befestigen.

5

(#5) Legen Sie die Bretter, die die dreiteilige Sitzfläche werden, auf die zusammengesetzte Basis des Blumenkastens. Von Vorder- nach Rückseite und von den Seiten aus mittig ausrichten und dabei kleine Abstandshalter (z. B. Zahnstocher) zwischen die Bretter stecken. Die äußeren Bretter für die Sitzfläche mit Zwingen an den Unterbau klemmen.

6

(#6) Die Schrauben für Sacklochbohrungen durch die Innenseite der Seitenblenden und in die äußeren Bretter der Sitzfläche schrauben.

7

8

9

10

(#7) Danach auch die 6,5 cm langen Schrauben diagonal durch die Seitenteile der äußeren Bretter der Sitzfläche und in die Blenden schrauben.

(#8) Die vier Führungen der Sitzfläche (K) müssen dann an den Blenden befestigt werden. Diese Führungen halten den Mittelteil der Sitzfläche an seinem Platz, lassen aber immer noch ein Abheben zu. Die abnehmbaren Bretter der Sitzfläche einpassen, überprüfen und gegebenenfalls korrigieren.

(#9) Bringen Sie den Mittelteil der Sitzfläche an seinen Platz, versehen Sie sie mit einem kleinen Abstandshalter (Zahnstocher), bringen Sie dann Querstreben an jedem Ende an, um den Rahmen, der die Bretter der Sitzfläche hält, abzudecken. Den Boden einlegen und 6 cm lange Schrauben in die unteren Querstreben schrauben.

(#10) Die drei Bretter der Sitzfläche, die am Ende befestigt werden sollen, zurechtschneiden, dann Leim anbringen und die Schrauben für die Sacklochbohrungen durch die Taschen in die Querstrebe schrauben, um sie zu befestigen. Ein zusätzliches Stück Rahmen, das an der Außenseite der Seitenblenden angebracht wird, hilft, die fest montierten Enden der Sitzfläche stabil und sicher zu halten.

3

VERTIKALER GARTEN

Auf kleinstem Raum fünf Mal so viel pflanzen: Gärtnern Sie in die Höhe!

Vertikalgärten sind neu und zunehmend beliebt bei Gärtnern, die sich mit beschränkten Platzverhältnissen konfrontiert sehen. Ihre kleine, effiziente Grundfläche, die leichte Zugänglichkeit und das interessante Aussehen machen sie zu einer attraktiven Alternative zu herkömmlichen Gärten oder Pflanzkästen. Viele wurden so entworfen, dass sie von Wänden oder Decken herabhängen. Dieses freistehende Design erlaubt mehr Auswahl in der Bestimmung seines Standortes.

Die Pflanzkästen selbst sind Dachrinnen im D-Profil mit Abdeckungen an jedem Ende oder Blumenkistchen aus Kunststoff. Zwei Holzleisten zwischen zwei breiten Brettern tragen die Behälter. Die Leisten sind schräg geneigt, um die Behälter an Vorder- und Rückseite zu halten, während die Unterseite offen ist, um Wasserablauflöcher zu ermöglichen.

Dieses Projekt kann mit recycelten Materialien umgesetzt und in Länge, Höhe und Materialauswahl variiert werden. Die hier verwendeten Dachrinnen lassen eine Tiefe von etwa 10 cm zu, was perfekt für kleinere Pflanzen und Blumen geeignet ist. Als essbarer Garten sind sie gut geeignet, da sie nach oben oder unten gestellt werden können, je nach Lichtbedarf. Zusätzlich sparen die Dachrinnen Wasser und reduzieren Schmutz, da das Wasser abrinnt, und zwar in die nächste Rinne darunter. Wenn Sie Nahrungsmittel anpflanzen, die Dachrinnen mit einer lebensmittelechten Kunststofffolie auslegen.

Achten Sie darauf, dass die Dachrinnen oder Blumenkistchen und die Leisten zusammenpassen, da nicht alle dasselbe Profil haben. Metallrinnen wie Aluminium oder sogar Kupfer können verwendet werden, um dem vertikalen Garten ein besonderes Aussehen zu verleihen.

VERTIKALER GARTEN

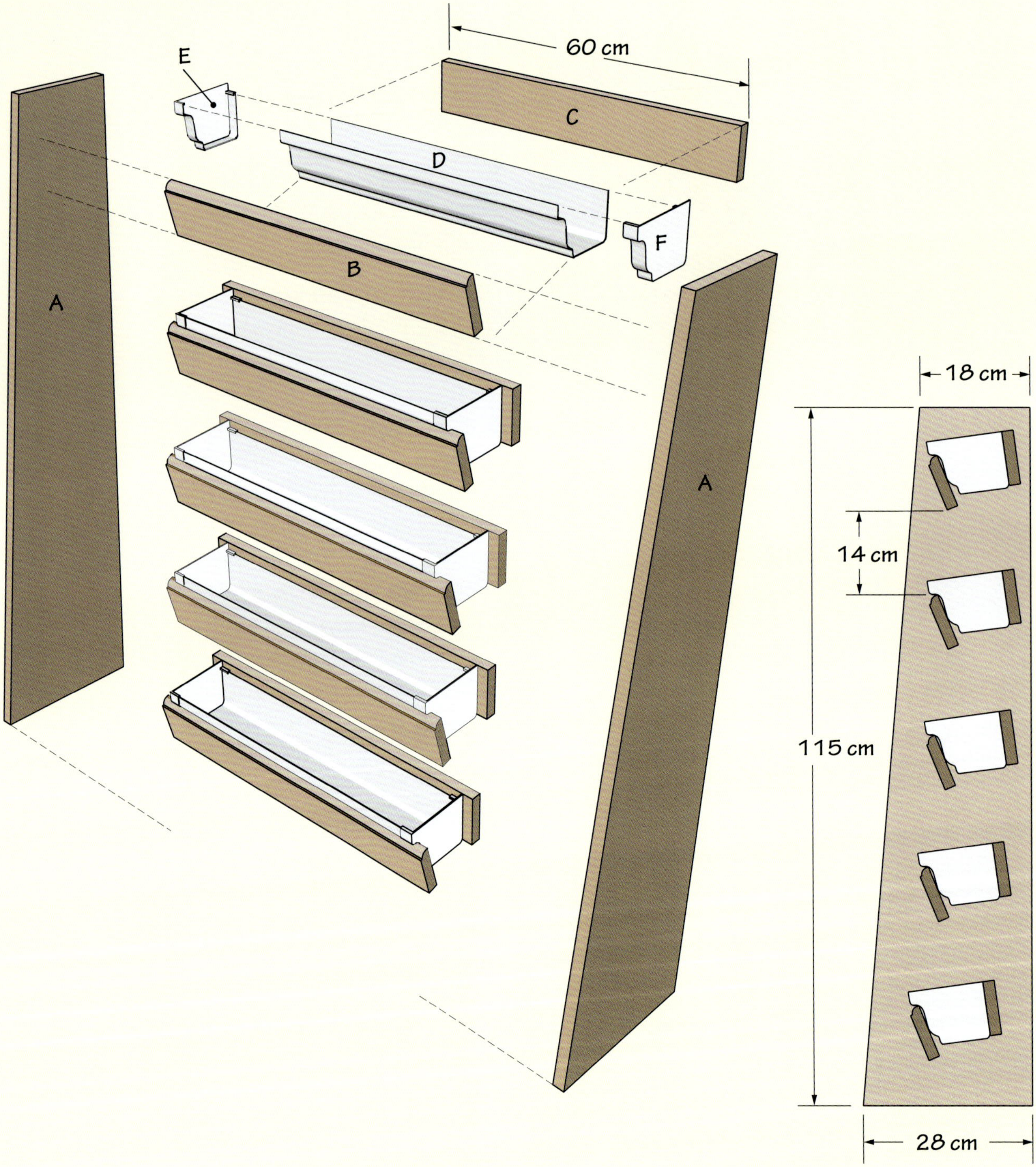

Zuschnittliste

Legende	Menge	Beschreibung	Maße
A	2	Stützen	2,5 x 18/28 (oben/ unten) x 115 cm
B	5	Leisten vorne	2,5 x 9 x 60 cm
C	5	Leisten hinten	2,5 x 9 x 60 cm
D	5	Dachrinnen/Blumenkistchen	hier: 10,2 x 12,7 x 54 cm
E	5	Linke Abdeckungen	hier: 1,9 x 10,2 x 12,7 cm
F	5	Rechte Abdeckungen	hier: 1,9 x 10,2 x 12,7 cm

Materialliste

Menge	Beschreibung
1	Zeder, 2,5 x 30 x 250 cm (alternativ: Fichte, Lärche, Kiefer)
3	Zeder, 2,5 x 10,2 x 250 cm (alternativ: Fichte, Lärche, Kiefer)
1	Kunststoffdachrinne oder entsprechende Blumenkistchen, 300 cm
5	Abdeckungen für Kunststoffdachrinne, rechts
5	Abdeckungen für Kunststoffdachrinne, links
	Rostfreie Schrauben für Sacklochbohrungen, 3,5 cm
	Terrassenschrauben, 6,5 cm
	Fugenkleber
	Abdeckband

Werkzeug
Blechschere oder besonders starke Schere
Bohrschablone für Sacklochbohrungen
Bohrer/Schrauber
Bohraufsatz, 6 mm
Maßband
Führungsschiene
Winkelmaß
Säge
Zwingen
Oberfräse (optional)
Abrundfräser, 6 mm (optional)

Zwei exzellente Rezepte, um Erde für Ihren vertikalen Garten herzustellen

Rezepte für selbst gemachte Erde

Einige selbst gemachte Erdgemische eignen sich für alle „lebenden Wandgärten". Wenn Sie Blumenerde verwenden, wählen Sie ein Bioprodukt, das Regenwurmhumus beinhaltet. Wenn Sie keine Bioerde mit Regenwurmkompost finden, fügen Sie einen oder zwei Becher Regenwurmhumus direkt in Ihren Erde-Mix, wenn das möglich ist; es ist eine ausgezeichnete Methode, Feuchtigkeit zu bewahren. Jedes dieser Rezepte kann in einem großen Eimer oder Fass gemischt werden.

Leichtester Standard-Erde-Mix für „lebende Wände"

- 1 Teil Bioblumenerde mit Regenwurmhumus
- 1 Teil verrotteter Biomist oder einfacher Kompost
- 1 Teil Bausand

Selbst gemachter Standard-Erde-Mix für „lebende Wände"

- 2 Teile Kompost
- 1 Teil Kokostorf
- 1 Teil Vermiculit
- 1 bis 2 Becher Regenwurmhumus

Text & Foto © Shawna Coronado

Das Hinzufügen des besten Erde-Mixes zu Ihrer Anlage einer „lebenden Wand" hilft den Wurzeln der Pflanzen, sich leichter anzupassen und zu wachsen. Auf diese Art und Weise schaffen Sie einen erfolgreichen Grundstock für Ihre Pflanzen.

(#9) Bohren Sie zwei Sacklochbohrungen innen an jedem Ende der vorderen und hinteren Leisten (B und C). Die Schrauben in den Sacklöchern halten den Rahmen ohne sichtbare Verbindungen zusammen. Wer nicht mit Sacklöchern (siehe Seite 15) arbeiten möchte, kann die Regale auch mit 6,5 cm langen Terrassenschrauben in vorgebohrte und mit dem Versenker präparierte Löcher in den Stützen und den Enden der Regalbretter verbinden.

(#10) Folgen Sie den Markierungen für die Anordnung, positionieren und befestigen Sie die rückwärtigen Leisten mit 3,5 cm langen Schrauben für Sacklochbohrungen an den Stützen.

(#11) Um die andere Stütze an die Leisten zu klemmen, verwendet man eine oder mehrere Zwingen. Waagerecht ausrichten und für die

12

13

14

genauen Abstände abmessen, dann die Leisten mit Schrauben an der anderen Stütze befestigen.

(#12) Ein Stück Dachrinne probehalber in die Leisten einlegen, um die richtigen Abstände und den richtigen Sitz zu überprüfen, Anpassungen vornehmen, wo notwendig.

(#13) Die Dachrinnenteile mit einer lebensmittelechten Plastikfolie auslegen, dann mit einer hochwertigen Mischung Blumenerde (siehe Seite 27) füllen. Einen kleinen Schraubenzieher oder Stab von unten durch die Abflusslöcher stecken, um die Plastikfolie zu durchstechen. Setzen Sie nun die Pflanzen Ihrer Wahl ein.

(#14) Stellen Sie Ihren vertikalen Garten an einen Ort, der mindestens sechs, vorzugsweise acht Stunden direktes Sonnenlicht am Tag bekommt. Wenn er starkem Wind (oder stürmischen Kindern oder Hunden) ausgesetzt ist, ist es ratsam, den vertikalen Garten an einem Geländer oder einem anderen Objekt zu befestigen, damit er nicht umgeweht oder umgeworfen wird.

4

BLUMEN-KASTEN AUF ROLLEN MIT REGAL

Ein eleganter Blumenkasten, der rollt: Füllen Sie ihn mit Gemüse, Kübelpflanzen oder auch mit Ihren Lieblingsgetränken!

Ein erhöhter Blumenkasten ist eine hervorragende Art, einen Garten mit kompakter und leicht zugänglicher Grundfläche zu gestalten. Er kann mit allen Vorzügen des typischen Pflanzkübels mithalten, während sich die Pflanzen in einer angenehmen Höhe befinden. Kein Bücken oder Strecken ist vonnöten, was es leichter und angenehmer macht, die Pflanzen zu versorgen. Dieses Design für einen rollenden und erhöhten Blumenkasten ist eine tolle Ergänzung für jede Terrasse, jeden Innenhof und jeden Balkon.

Obwohl er durch klare Linien und eine stabile Bauweise hervorsticht, ist er leicht zu bauen. Der 25 cm tiefe Pflanzbereich erlaubt auch größere Pflanzen wie Tomaten oder sogar einige Wurzelgemüse. Er kann Blumentöpfe halten oder mit Plastik ausgelegt und direkt mit Erde befüllt werden. Oder man füllt den Setzkasten mit Eis, um aus ihm einen schönen und robusten Getränkewagen zu machen. Ein Regal fügt Stauraum hinzu und Rollen verleihen ihm Mobilität, damit man ihn zur Steigerung der Sonneneinstrahlung verschieben kann (oder zu Ihrem durstigsten Gast).

BLUMENKASTEN

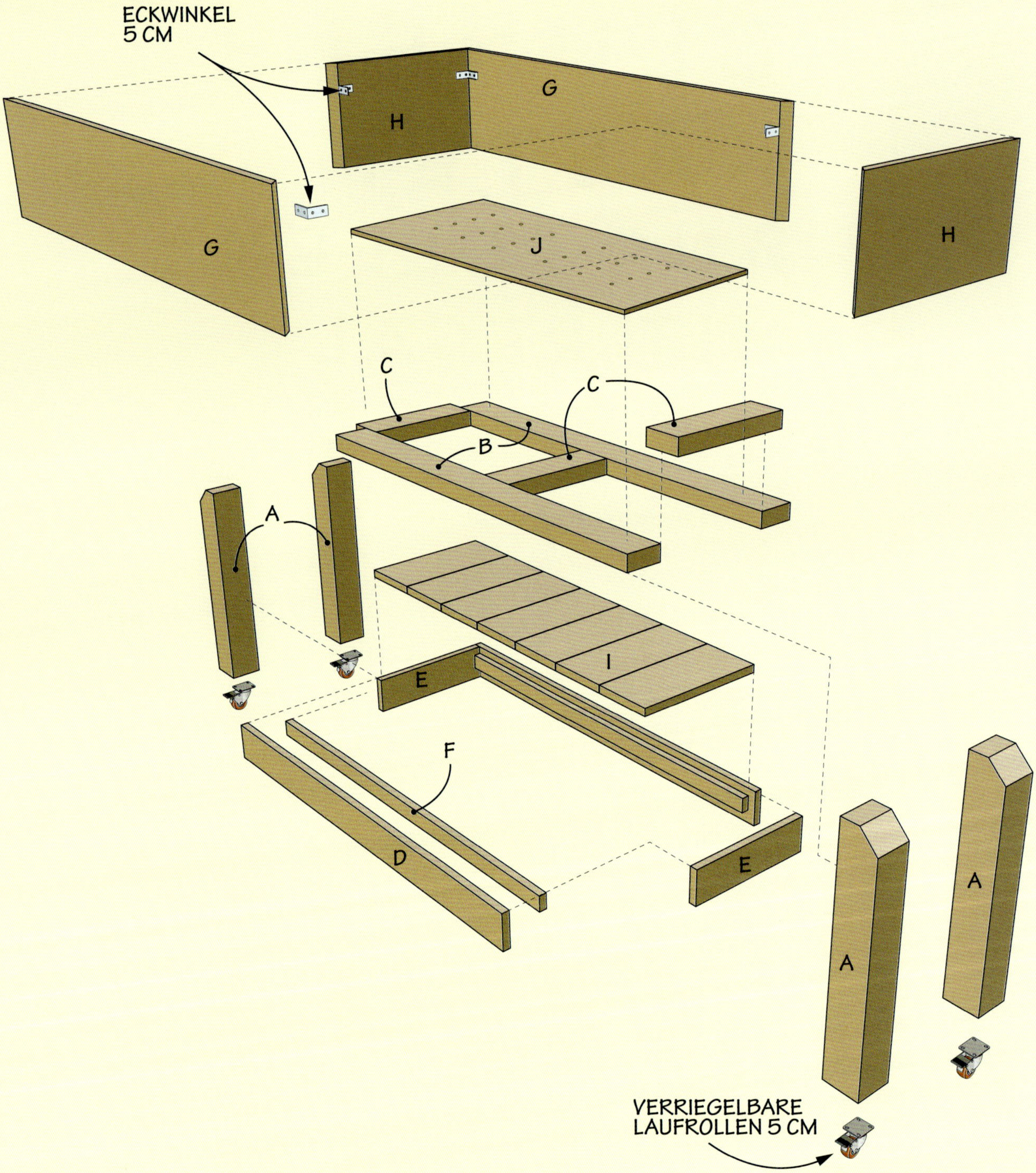

Zuschnittliste

Legende	Menge	Beschreibung	Maße
A	4	Beine	9 x 9 x 58 cm
B	2	Querstreben Vorder-/Rückseite	4 x 9 x 106 cm
C	3	Querstreben Seite	4 x 9 x 30 cm
D	2	Rahmen Regal, Vorder-/Rückseite	2 x 9 x 106 cm
E	2	Rahmen Regal, Seiten	2 x 9 x 30 cm
F	2	Regalhalterungen	2 x 4 x 102 cm
G	2	Vorder-/Rückseite	2 x 28 x 106 cm
H	2	Seitenplatten	2 x 28 x 42 cm
I	7	Regallatten	2 x 14,5 x 30 cm
J	1	Bodenplatte	2 x 38 x 102 cm

Materialliste

Menge	Beschreibung
	(Zeder oder Kiefer)
1	9 x 9 x 250 cm
1	4 x 9 x 300 cm
1	2 x 28 x 300 cm
1	2 x 14,5 x 250 cm
1	2 x 9 x 300 cm
1	2 x 4 x 250 cm
1	Sperrholz für den Außenbereich, 2 x 60 x 120 cm
	Terrassenschrauben, 3,5 cm
	Terrassenschrauben, 4 cm
	Terrassenschrauben, 5 cm
	Terrassenschrauben, 6,5 cm
	Schrauben für den Außenbereich, 1,5 cm
	Schrauben für Sacklochbohrungen, 3,5 cm
	Verzinkte Eckwinkel, 5 cm
4	Drehrollen, 5 cm
	Plastikplane, 0,15 mm dick

Werkzeug	
Bohrer/Schrauber	Maßband
Bohrschablone für Sacklochbohrungen	Kreissäge
Bohraufsatz, 1,2 cm	Führungsschiene
Winkelmaß	Zwingen

Bauanleitung Blumenkasten auf Rollen mit Regal

1

2

(#1) Die Beine aus dem Kantholz (9 x 9 cm) schneiden und an einem Ende einen 30°-Winkel schneiden. Mit einer Motorgehrungssäge ist das ein Klacks, aber auch mit einer Handsäge ist dies leicht zu bewerkstelligen. Für die Beine, wie sie in diesem Projekt gezeigt werden, haben wir recht dunkles Zedernkantholz verwendet, was einen netten Kontrast zu den hellen Zedernbrettern (2 x 28 cm) ergibt, die wir für die Seitenteile des Kastens verwendet haben.

(#2) Die Querstreben ablängen. Eine Bohrschablone für Sacklochbohrungen verwenden und Löcher in die Enden von Vorderseite, Rückseite, und seitlichen Querstreben bohren. Außen und innen paarweise Sacklöcher in beide Außenseiten der Querstreben bohren.

3

4

5

6

7

8

(#3) Schrauben Sie die Längsstreben der Vorder- und Rückseite mit Schrauben für Sacklochverbindungen an die seitlichen Querstreben. Auf die beiden Sacklochpaare und die versetzte Ausrichtung der äußeren Querstreben an den Seiten achten.

(#4) Danach den Rahmen des Regals und die Regalhalterungen zuschneiden. Den Rahmen zu einer Kiste zusammenbauen, dabei Schrauben für Sacklochbohrungen (3,5 cm) verwenden. (Verwendbar sind auch Terrassenschrauben [6,5 cm], die durch die überlappenden Teile des Rahmens und in das Ende des danebenliegenden Bretts geschraubt werden.) Befestigen Sie die Regalhalterungen an den langen Teilen des Rahmens der Kiste, sodass ihre Oberkanten 2 cm tief darin versenkt sind.

(#5) Holzreste (9 cm) verwenden, um die Querstreben zu halten, und diese dann mit Terrassenschrauben (6,5 cm) an den Beinen anschrauben.

(#6) Den Aufbau umdrehen und den Vorgang wiederholen, diesmal Zwingen verwenden, um den Rahmen des Regals an die Beine zu klemmen.

(#7) Die Kreissäge in einem Schnittwinkel von 45° einstellen, um die Bretter des Kastens (2 x 28 cm) auf Gehrung zuzuschneiden. (Achten Sie darauf, dass die Bretter die korrekte Länge haben.) Man kann auch eine Stichsäge im 45°-Winkel verwenden, um diese Schnitte durchzuführen.

(#8) An der unteren Kante der Bretter vorbohren, um sie an den Aufbau aus Querstreben zu befestigen.

9

10

11

12

13

14

(#9) Die Bretter des Kastens verleimen und zusammenklemmen, um den Kasten zu montieren. Die Terrassenschrauben (3,5 cm) durch die Seitenbretter unten an den vier Ecken schrauben. Innen in jeder Ecke die Eckwinkel (5 x 5 cm) etwa 5 bis 7 cm vom oberen Rand anschrauben, um die Verbindungen zu verstärken. Bringen Sie diese mit Schrauben für den Außenbereich (1,5 cm) an.

(#10) Den Aufbau des Blumenkastens zwischen den Beinen und auf den montierten Querstreben platzieren. Einen Hammer und einen Holzrest verwenden, um den Kasten auf den Querstreben einzupassen.

(#11) Schrauben für Sacklochbohrungen (3,5 cm) einschrauben, um die Bretter des Blumenkastens an den Querstreben zu befestigen.

(#12) Die Regallatten mit Terrassenschrauben (5 cm) an den Regalhalterungen anbringen und dabei darauf achten, dass die Schrauben nicht zu tief gehen und durch die Oberfläche stoßen.

(#13) Zwei Drehrollen (5 cm) unten an den Beinen anbringen.

(#14) Die Bodenplatte aus Sperrholz (2 cm) zuschneiden und alle 10 cm Abflusslöcher (1 cm) hineinbohren. Den Blumenkasten mit Plastik auslegen und mit Blumenerde füllen. Durch die Abflusslöcher Löcher in das Plastik stechen, damit das Wasser abrinnen kann. Sie können auch Pflanzenkübel direkt in den Blumenkasten setzen, anstatt den Kasten schmutzig machen zu müssen.

5

TERRASSEN-SCHRANK

Er bereichert jede Terrasse mit einem prachtvollen und abschließbaren Kubikmeter Stauraum!

Wenn Sie ein bisschen Extrastauraum benötigen, aber keine Standard-Gartenhütte bauen oder kaufen möchten, ist dieser Outdoor-Schrank die Lösung. Er kann einfach überall aufgestellt werden, sieht aber am besten aus, wenn er an einen Zaun, eine Brüstung oder eine Außenwand geschoben wird. Die Seitenteile aus Zedernholzschindeln und die ineinandergefügten Sparren geben diesem Projekt ein gediegenes Aussehen, während das Blechdach ihm einen schicken Retrolook verleiht und noch dazu leicht zu bauen ist. Es mag ein bisschen kompliziert aussehen, aber lassen Sie sich nicht täuschen; der Schrank ist leicht zu bauen und kann an einem Wochenende fertiggestellt werden. Es ist gut, einen Helfer zu haben, wenn es darum geht, die Wände aufzustellen, aber ein Satz lange Zwingen erlaubt Ihnen den Aufbau auch allein.

Die Materialien können ausgetauscht werden, um Ihren individuellen Bedürfnissen und Ihrem Geschmack zu entsprechen. Die Außenvertäfelung wird auf Zedern, Fichten- oder Kiefernlatten (1,5 cm) genagelt, die als Unterverkleidung dienen und wiederum an den Rahmen angebracht werden. Es kann auch Sperrholz für den Außenbereich verwendet werden, aber die Latten sind leichter und einfacher zu transportieren und aufzubauen. Sie sind außerdem kostengünstig, was dabei hilft, die Materialkosten niedrig zu halten.

Halten Sie für das Dach nach weggeworfenem Wellblech in Ihrer Nähe Ausschau; das Blech, das hier Verwendung fand, wurde recycelt und im Internet gefunden. Man kann auch andere Materialien für die Überdachung verwenden, wenn man dies möchte, beispielsweise übriggebliebene Zedernholzschindeln. Die Grundfläche kann, je nach Wunsch, größer oder kleiner gebaut werden, aber es kostet Zeit und Geld. Wenn Sie die Maße ändern, achten Sie darauf, das zusätzliche Material, das Sie benötigen, auch einzurechnen.

TERRASSEN-SCHRANK

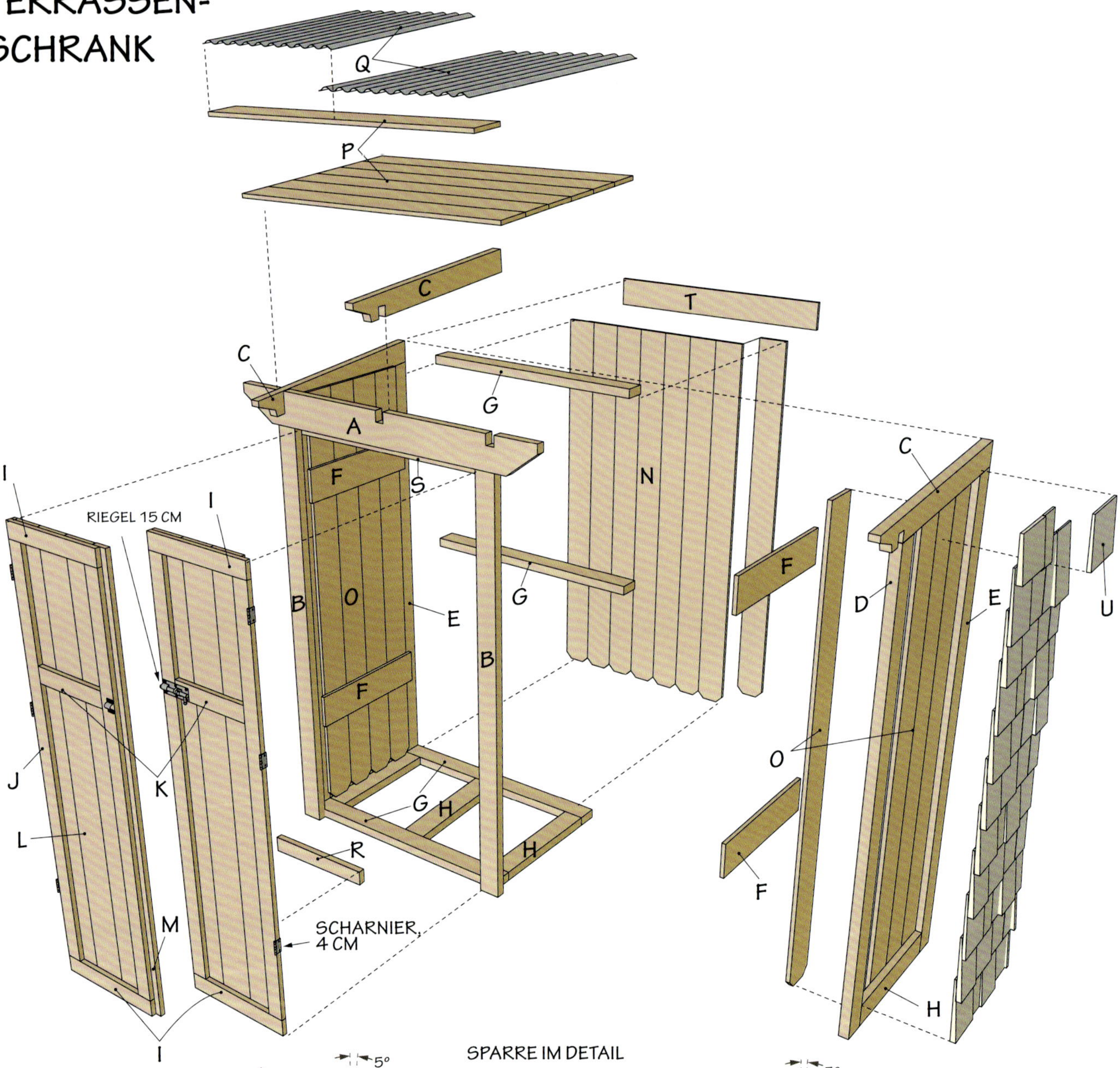

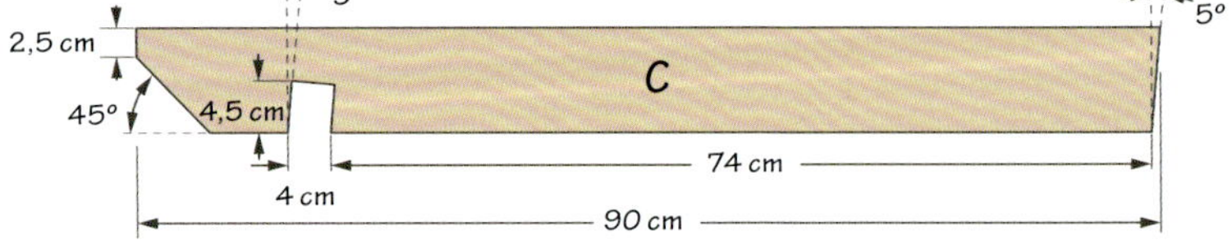

Zuschnittliste

Legende	Menge	Beschreibung	Maße
A	1	Kopfstück	4 x 14 x 150 cm
B	2	Seitenpfosten	4 x 9 x 175 cm
C	3	Sparren	4 x 9 x 90 cm
D	2	Vorderseiten des Seitenrahmens	4 x 9 x 182 cm
E	2	Rückseiten des Seitenrahmens	4 x 9 x 187 cm
F	4	Latten der Seitenwand	1,5 x 14 x 61 cm
G	4	Basis/Rahmen Rückwand	4 x 9 x 100 cm
H	5	Basis/Rahmen Seitenwand	4 x 9 x 55 cm
I	4	Querbalken (Türen)	2 x 6 x 45 cm
J	4	Längsbalken (Türen)	2 x 6 x 164 cm
K	2	Mittlere Querbalken (Türen)	2 x 6 x 33 cm
L	6	Türblätter	1,5 x 14 x 176 cm
M	1	Schließkante	2 x 4 x 172 cm
N	8	Latten für Verkleidung der Rückwand	1,5 x 14 x 185 cm
O	8	Latten für Verkleidung der Seitenwand	1,5 x 14 x 185 cm
P	7	Latten für Verkleidung der Überdachung	1,5 x 14 x 122 cm
Q	2	Metallüberdachung (optional)	0,6 x 66 x 100 cm
R	6	Latten am Türblatt	2 x 4 x 38 cm
S	1	Türanschlag	2 x 4 x 96 cm
T	1	Oberseite der Verkleidung der Rückwand	1,5 x 14 x 108 cm
U	1	Gebinde Zedernholzschindeln	45 cm

Materialliste

Menge	Beschreibung
	(Zeder, alternativ: Fichte, Lärche, Kiefer)
1	4 x 14 x 250 cm
13	4 x 9 x 250 cm
29	1,5 x 14 x 200 cm, Latten
4	2 x 6 x 250 cm
3	2 x 4 x 250 cm
	große Zedernholzschindeln, 45 cm, 1 Gebinde
1	Wellblechdach, 0,6 x 66 cm x 250 cm
	Terrassenschrauben, 4 cm
	Terrassenschrauben, 6,5 cm
	Schrauben für Sacklochbohrungen, 3,5 cm
	stumpfe Kammnägel, 2,5 cm
	Tellerkopfdachdeckerschrauben (Sechskant), 3,5 cm
6	Scharniere, 4 cm
	Riegel, 15 cm
	Plastikplane, 1,5 mm

Werkzeug	
Bohrer/Schrauber	Bohrschablone für Sacklochbohrungen
Bohraufsatz, 1,2 cm	Winkelmaß
Maßband	Wasserwaage
Kreissäge	Zwingen
Führungsschiene	

Bauanleitung Terrassenschrank

1

2

(#1) Das Zedernholz für Basis und Rahmen der Rückwand, Sparren, Vorder- und Rückseite sowie Seitenteile ablängen. Die Ecken an diesen Teilen mit einer Handsäge (siehe Sparre im Detail, Seite 40) abschneiden. Die Zapfenlöcher in der Oberkante und den Sparren an der unteren Kante der Vorderseite für die Aufliegeverbindung dem Diagramm entsprechend ausschneiden. Mit einer Handsäge die Ränder der Zapfenlöcher aussägen und dann fertigstellen, dazu das überschüssige Holz mit einem scharfen Stemmeisen entfernen.

(#2) Den unteren Rahmen, auf dem der Schrank steht, zusammenbauen und dann den Rahmen für die Seitenteile bauen, dabei Schrauben für Sacklochbohrungen (6,5 cm) für den Außenbereich verwenden, um die Sacklochverbindungen zu erhalten.

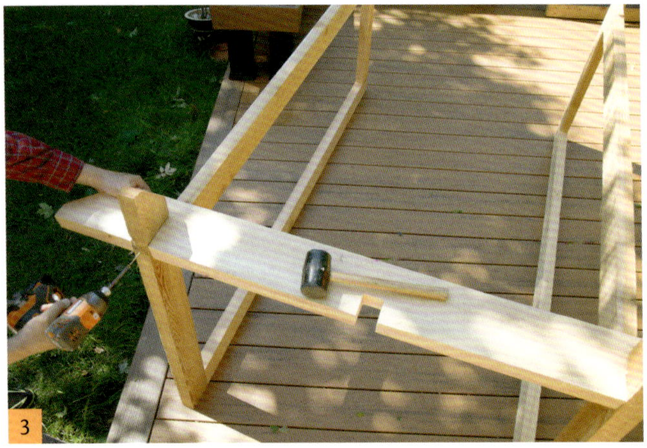

3

4

5

6

(#3) Den vorderen Rahmen zusammenbauen, indem Sie das Kopfstück (A) mit den seitlichen Teilen des Rahmens verbinden. Wo immer es möglich ist, von der nicht sichtbaren Seite des Rahmens verschrauben.

(#4) Die Basis des Rahmens an die seitlichen Rahmen schrauben, um die Sacklochverbindungen fertigzustellen. (Sie müssen nicht mit Sacklochbohrungen arbeiten, aber sie sind schnell gemacht und eignen sich, verglichen mit anderen mechanischen Verbindungen [wie etwa Blindeckverbindungen], sehr gut, um die Bretter zu verbinden.) Während des Arbeitens waagerecht und lotrecht ausrichten.

(#5) Ein Balkenpaar (4 x 9 cm) flach an der Seite des Rahmens anbringen, um die Rückwand zu bauen und den Rahmen des Korpus fertigstellen.

(#6) Beginnen Sie damit, die drei Sparren (C) zu montieren, indem Sie sie auf den Rahmen des Korpus legen, sodass die vorderen Enden in den Zapfenlöcher zu liegen kommen. Die Teile mit Zwingen zusammenklemmen, damit sie exakt ihre Position behalten, während sie am Kopfstück und dem Rahmen der Rückwand befestigt werden.

Schindeln, Schindeln, Schindeln!

Schindeln sind eine klassische und schöne Verkleidung für Häuser und Lauben. Sie bringen Charme und rustikales Flair, das mit der Zeit immer besser wird. Mein Schwager, ein professioneller Zimmermann, kommentierte Zedernschindeln einmal mit „die werden nie undicht". Das ist deswegen so, weil Schindeln aus Zedernholz sich ausdehnen, wenn sie feucht werden; durch diese Eigenschaft können sie eventuelle Lücken, die sich zwischen den Brettern befinden könnten, abdecken. Eine Laube, die ich vor über zehn Jahren mit von Hand gespaltenen Schindeln aus Zedernholz verkleidet habe, war niemals undicht, auch nicht bei heftigsten Stürmen mit windgepeitschem Regen. Schindeln gibt es auch in anderen Materialien, so etwa aus Zementplatten, Vinyl und Fiberglas.

Die Montage von Schindeln ist relativ einfach. Begonnen wird mit einer Anfangsreihe, die von einer zweiten Schicht überlappt wird. Lassen Sie zwischen den einzelnen Schindeln ca. 3 mm Platz und befestigen Sie sie mit stumpfen Kammnägeln mit einem Kopf von mindestens 5,5 mm. Darauf achten, dass die Anschlussstellen nicht über denen der darunterliegenden Reihen liegen. Versetzen Sie die Schindeln um mindestens 3,5 cm im Vergleich zur Vorreihe. Idealerweise sollten über drei Reihen keine Anschlussstellen übereinander zu liegen kommen. Lassen Sie keine Lücken bei Holzdefekten entstehen. Als Faustregel für Wände hat sich bewährt, 13 bis 15 cm Schindeln der Vorreihe freizulassen.

Nachfolgende Reihen am Rest der Wand, entsprechend dem ausgewählten Freiraum, montieren. Halten Sie die Reihen gerade und waagerecht. Um sich die Positionierung der Schindeln zu erleichtern, kann man die Kante des Freiraums unterlatten oder mit Kreide anzeichnen. Ein Allzweckmesser kann zum Einritzen und Zurechtreißen der Schindeln dienen. Für kleine Wandabschnitte wie dieses Projekt ist auch eine kleine Wasserwaage gut geeignet.

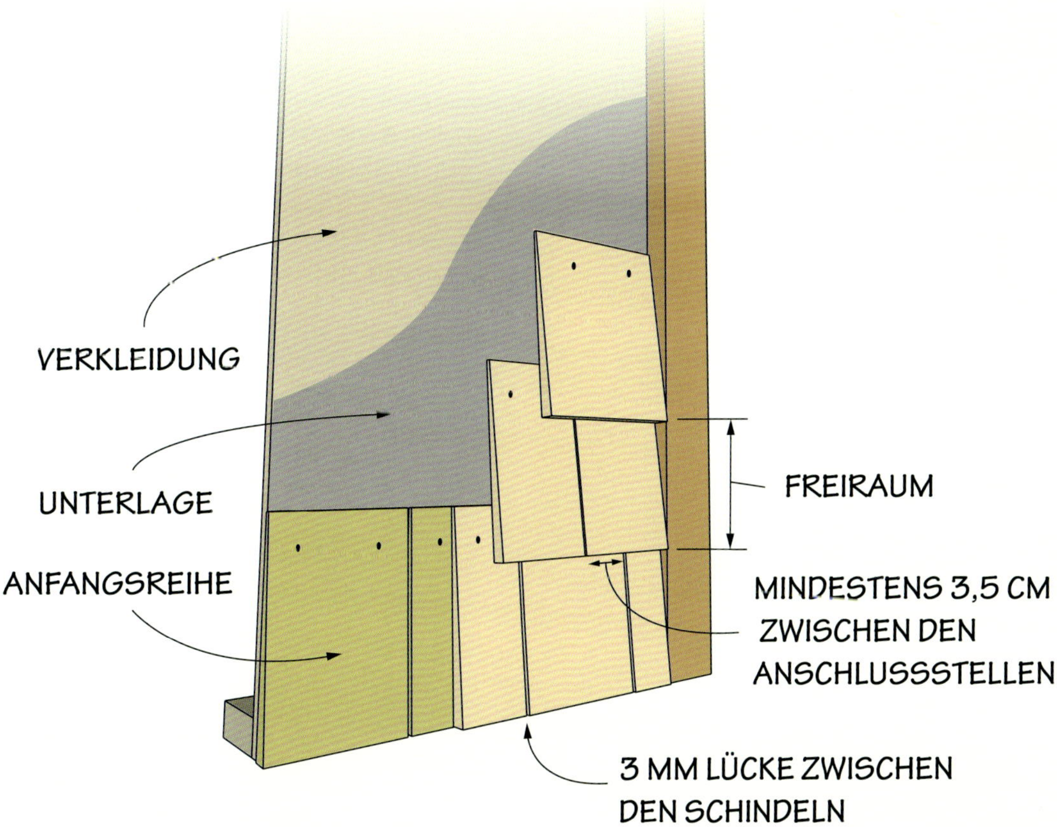

7

8

(#7) Benutzen Sie die Latten aus Zedernholz als Verkleidung und bringen Sie diese außen an der Rückwand und innen an den Seitenwänden an. Oben an der Hinterseite muss die Verkleidung eventuell ausgeschnitten werden, damit die hintere obere Platte darauf passt.

(#8) Die Latten auch oben auf den Sparren anbringen, um die Verkleidung des Dachs zu montieren.

(#9) Damit die Verkleidung fester mit der Struktur verbunden ist, die Latten an der Innenwand festschrauben. An den Enden leicht überlappen lassen und am Rahmen fixieren.

(#10) Von unten beginnend die Schindeln anbringen. Sie können in einer Reihe oder versetzt sein. Verwenden Sie Kammnägel und nageln Sie dort, wo die Schindel von den folgenden verdeckt werden (siehe „Schindeln, Schindeln, Schindeln!" auf der vorigen Seite).

9

10

11

12

13

14

(#11) Die Türen mit den verschiedenen Zedernholzlatten (2 x 6 cm und 1,5 x 14 cm) bauen. Die Querbalken (I, K) für die Türen zuschneiden, dann Sacklochbohrungen vornehmen, um sie an die Längsbalken (J) schrauben zu können.

(#12) Die Türblätter aus Zaunlatten bauen, die an die Streben geleimt werden. Die Latten dann von innen an den Türen mit Schrauben oder Nägeln (2,5 cm) befestigen. Eine der Türen sollte einen Stopper oder eine Schließkante haben, an die die zweite Tür beim Schließen hält.

(#13) Je zwei oder drei Scharniere verwenden, um die Türen einzuhängen. Auch dekorative außen angebrachte Scharniere sind eine ansprechende Option. Verwenden Sie Zwingen und Abstandshalter, damit die Tür an ihrem Platz bleibt, markieren Sie die Positionen der Scharniere und schrauben Sie diese an Türen und Rahmen an. Innen an der Oberseite einen Türstopper anbringen.

(#14) Montieren Sie die Dachabdeckung. Sie können die restlichen Schindeln verbrauchen, damit sie zu den Wänden passt, oder Platten aus Wellblech (oder Fiberglas) verwenden, wie hier gezeigt. Bringen Sie einen Riegel an oder, wenn Sie den Kasten verschließen wollen, montieren Sie eine Schließe, in die ein Vorhängeschloss passt. Sie können einen Lack für den Außenbereich mit UV-Schutz auftragen, wenn Sie den Schrank gern zedernfarben erhalten wollen, oder ihn einfach zu einem natürlichen Grau verwittern lassen.

FIRST AID
First Alert
SPOT SHOT
EMERGENCY
STAIN
TOWELS

6

AUFKLAPPBARER WAND-SCHRANK

Verstauen Sie unansehnliche Vorräte in diesem unauffälligen Wandschrank mit einer komfortablen herunterklappbaren Arbeitsfläche.

Outdoor-Küchen sind der letzte Schrei, aber die Vorbereitung für entsprechende Aktivitäten im Freien kann lästig sein, weil das für gewöhnlich bedeutet, viele Male zwischen Küche, Speisekammer oder Garage hin und her zu laufen. Und meistens fällt Ihnen genau in dem Moment ein, dass Sie etwas vergessen haben, wenn die Steaks sich der Perfektion nähern, aber der Grill gerade auflodert. Wäre es nicht schön, jetzt einen kleinen Stauraum für Grillutensilien (oder alles andere, das Sie verstauen möchten) zu haben, der leicht zu erreichen ist, die Sachen aber vor dem Wetter schützt? Wenn Sie diese Frage mit „Ja" beantworten, ist dieses Projekt genau richtig für Sie. Ein aufklappbarer Schrank im Freien ist auch der perfekte Ort für Sonnencremes, Insektenschutz, Putzmittel oder ein Erste-Hilfe-Set. Er kann als Platz für Getränke und Essen dienen oder auch für Ihre Musik, wenn Sie Gäste bewirten. Der hier gezeigte Wandschrank hängt an der Wand und hat eine Klapptür, die unten mit Scharnieren versehen ist und von Ketten gehalten wird, sodass sie als Arbeitsfläche dienen kann, wenn der Schrank geöffnet ist.

Verwenden Sie Holz, das zu der Umgebung, in der es hängen soll, passt, und bauen Sie ihn so insekten- und kriechtiersicher, wie Sie nur können. Bringen Sie ein Schloss an, um das Stück kindersicher zu machen. Um dem Wandschrank Ihren eigenen, individuellen Schliff zu verpassen, können Sie ihn mit Beschlägen, Licht oder Dingen, die Sie für geeignet halten, verzieren.

WANDSCHRANK

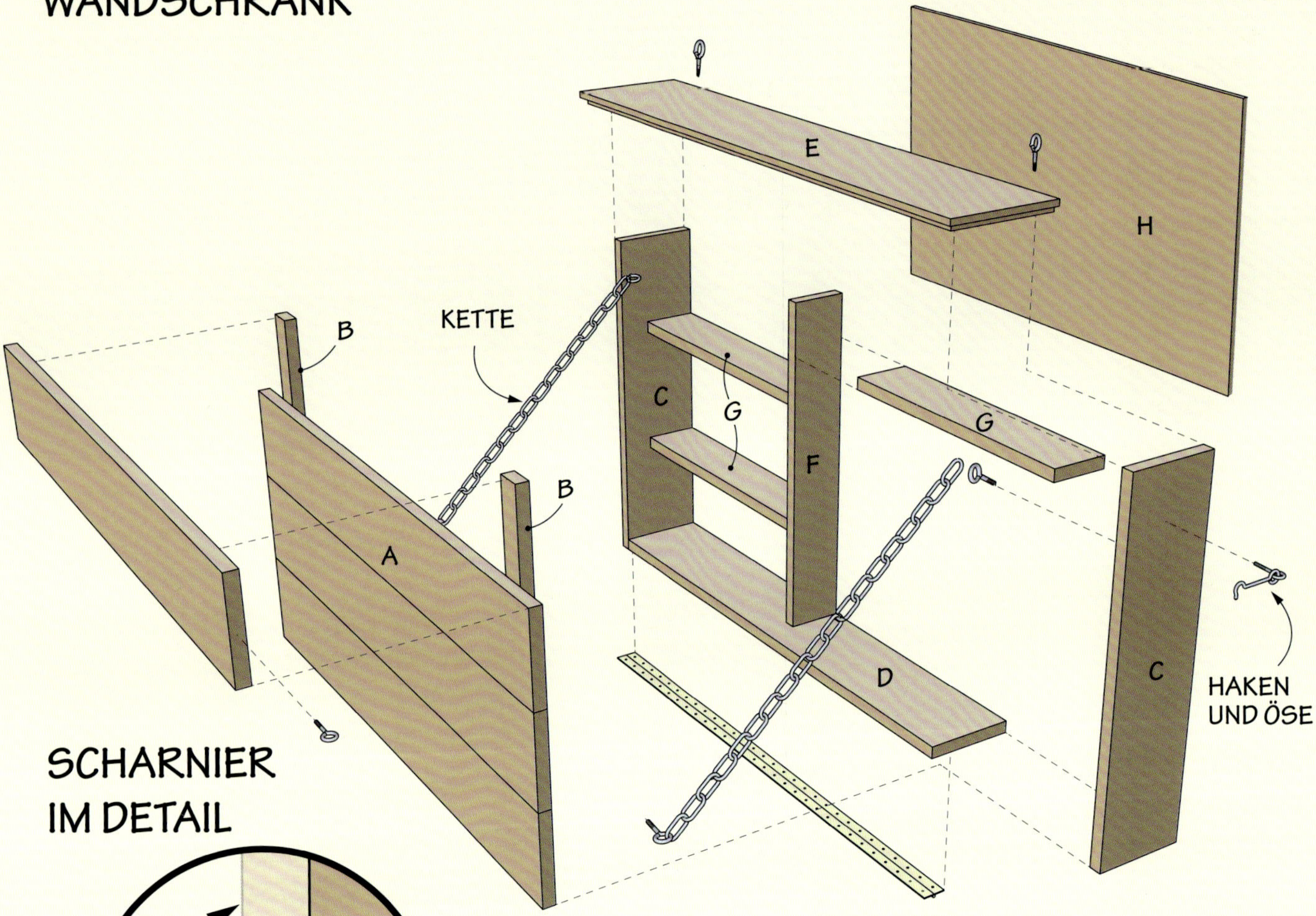

SCHARNIER IM DETAIL

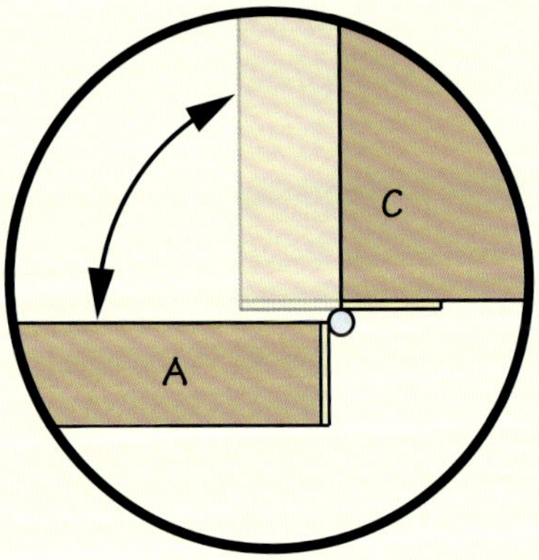

Zuschnittliste

Legende	Menge	Beschreibung	Maße
A	4	Bretter für Klappe	2 x 15 x 90 cm
B	2	Latten für Klappe	2 x 4 x 55 cm
C	2	Seitenteile	2 x 15 x 60 cm
D	1	Unterseite	2 x 15 x 86 cm
E	1	Oberseite	2 x 20 x 94 cm
F	1	Fachteiler	2 x 10 x 58 cm
G	3	Fachböden	2 x 10 x 42 cm
H	1	Rückwand	0,6 x 90 x 62 cm

Materialliste

Menge	Beschreibung
(Zeder, alternativ: Fichte, Lärche, Kiefer)	
1	2 x 20 x 250 cm
3	2 x 15 x 250 cm
1	2 x 10 x 250 cm
3	2 x 4 x 250 cm
1	Sperrholz (6 mm) , 65 x 100 cm
1	Klavierscharnier, 90 cm
	Kette, 150 cm
6	Ösenhaken
2	Riegel aus Haken und Öse
	Rostfreie Schrauben, 3 und 4 cm
	Schrauben für Sacklochbohrungen, 3,5 cm

Werkzeug	
Bohrer/Schrauber	Kreissäge
Bohrschablone für Sacklochbohrungen	Führungsschiene
Maßband	Wasserwaage
Winkelmaß	Zwingen

Bauanleitung Aufklappbarer Wandschrank

1

2

(#1) Den Boden und die Seitenteile des Wandschranks aus dem 15 cm breiten Holz (wir haben Zeder verwendet) zuschneiden. Den Oberteil des Rahmens aus dem 20 cm breiten Holz zuschneiden. Als Profil können Sie eine dekorative Kante mit einer Oberfräse oder eine 45°-Gehrung mit einer Kreissäge oder einem Handhobel an der Vorderseite des Kastens ausarbeiten.

(#2) Mit einer Bohrschablone Sacklochbohrungen in den Unterteil des Rahmens bohren, wo er mit den Fachbrettern verbunden wird.

3

4

5

(#3) Den Kasten leimen und mit Zwingen zusammenklemmen, dann überprüfen, ob er rechtwinkelig ist. Oben vorbohren und dann 4 cm lange rostfreie Schrauben aus Stahl oder Messing verwenden, um den Oberteil an den Seitenteilen anzuschrauben.

(#4) Den Fachteiler und die Fachböden ausmessen und aus dem 10 cm breiten Brett zuschneiden. Mit Schrauben für Sacklochbohrungen innen in dem Kasten anschrauben.

(#5) Bauen Sie die Klapptür aus einem weiteren Brett (2 x 15 cm) mit einer Kombination aus Sacklochbohrungen, Leim und zwei Latten (2 x 4 cm). Die Latten sind 5 cm kürzer als die Höhe der Tür. Etwa 2,5 cm vom Boden entfernt anordnen.

6

7

8

(#6) Die Tür am Kasten ausprobieren, dann das Klavierscharnier aus Messing (Messing ist ein gutes Material für den Außenbereich) unten an Schrank und Tür schrauben. Für ein besseres Schließen kann eine dünne Dichtung an der Tür angebracht werden.

(#7) Der Schrank braucht nicht unbedingt eine Rückwand, aber es ist ratsam, eine anzubringen, wenn Sie Regen, Schmutz und Plagegeister draußen halten möchten. Um die Rückwand herzustellen, verwendet man ein Sperrholz für den Außenbereich. Zuschneiden, leimen und mit Zwingen festklemmen, dann mit Schrauben (3 cm) die Rückwand anschrauben.

(#8) Die Ösenhaken aus Messing innen in die Seitenwände des Schranks und die Oberseite der Latten an der Klappe schrauben, um die Ketten zu befestigen. Einen Riegel aus Haken und Öse (siehe Foto im Foto) an jeder Seite des Wandschranks hinzufügen, um damit die Klappe schließen zu können. Dann den Wandschrank mit 4 cm langen Schrauben an der Hauswand aufhängen – vorzugsweise an Orten, die von Wänden umgeben sind. Lackieren, wenn gewünscht.

7

LAUBEN-BANK

Gestalten Sie mit dieser eindrucksvollen Kombination aus Gartenlaube und Sitzbank einen romantischen Zufluchtsort direkt auf Ihrer Terrasse oder Ihrem Balkon.

Gartenbänke können eine beinahe unbegrenzte Zahl an Formen annehmen, aber wenn Sie eine gemütliche, geräumige Bank mit einer Laube darüber kombinieren, haben Sie etwas gebaut, das zum Traumziel des Lebens im Freien wird. Und wenn Sie Ihre Laubenbank an der perfekten Stelle aufstellen, wird sie zum Mini-Zufluchtsort, der Ihnen Erholung verspricht. Wenn Sie eine bauen, haben Sie ein Einrichtungsstück, das nicht nur schön aussieht, sondern ein toller Platz zum Lesen und Reden ist – oder einfach, um dazusitzen und nachzudenken.

Dieses einfache Design erlaubt die Montage an nur einem Tag. Achten Sie darauf, dass Sie die Laube nicht in einem windigen Bereich aufstellen, falls Wind bei Ihnen ein Thema ist, und denken Sie daran, Fundamente oder Pfostenanker zu verwenden, damit das Stück stabil steht. Das Streichen mit Bootslack oder einem anderen Lack für den Außenbereich mit UV-Schutz schützt das Holz und lässt es frisch aussehen, sodass Ihre Laubenbank ein angenehmer Rückzugsort für viele Jahre sein wird.

LAUBENBANK

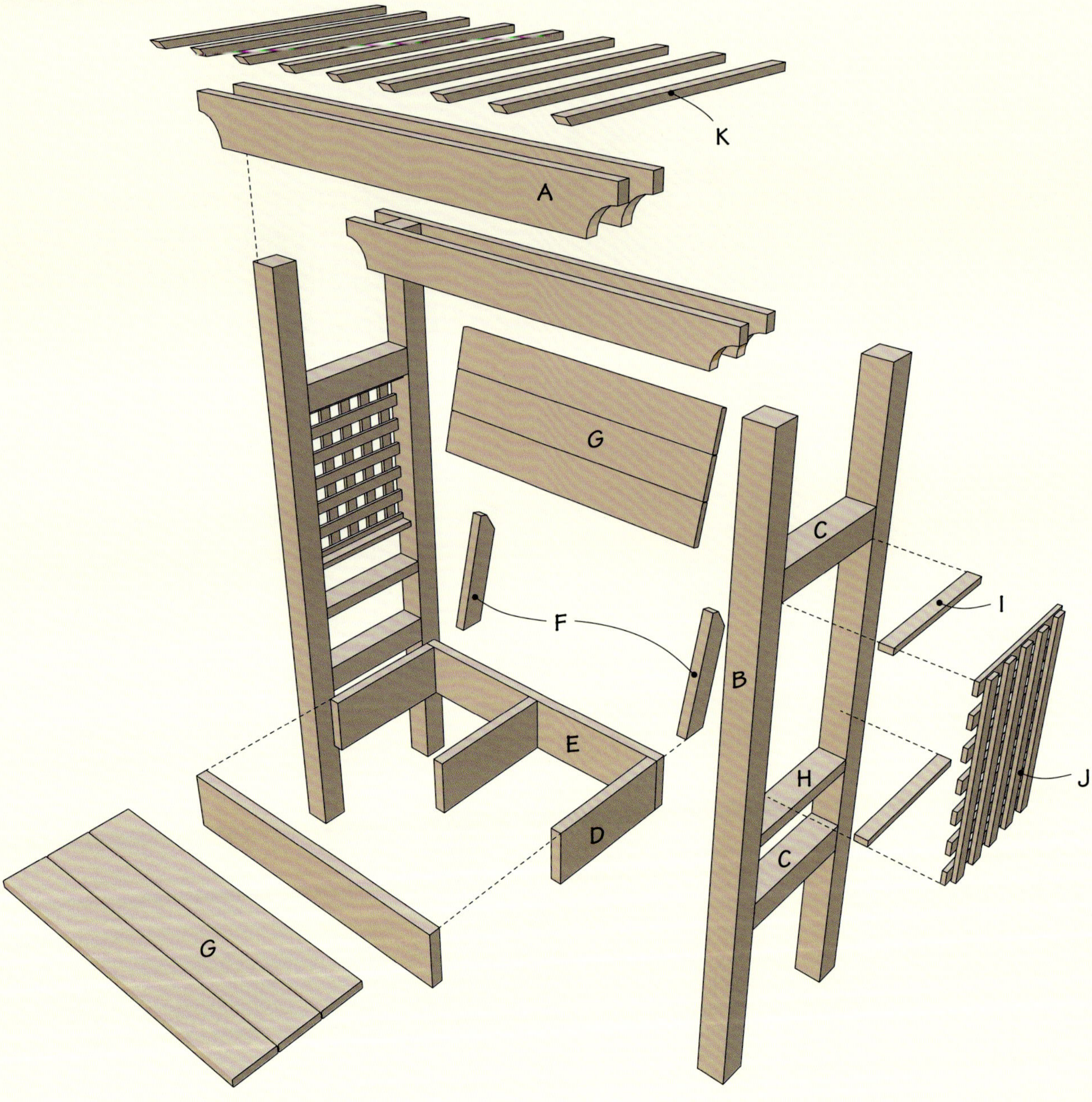

SEITENANSICHT IM DETAIL

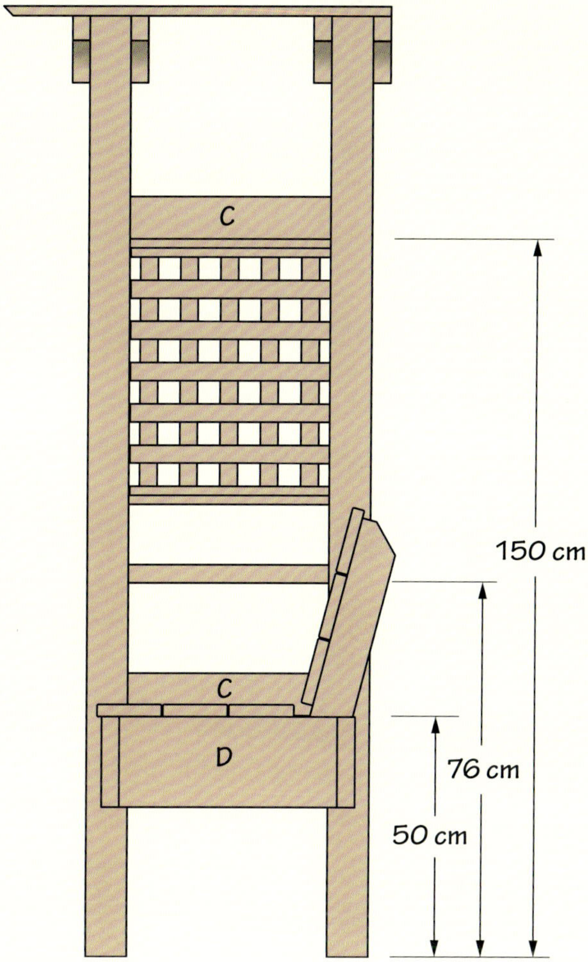

Zuschnittliste

Legende	Menge	Beschreibung	Maße
A	4	Tragebalken	3 x 14 x 152 cm
B	4	Pfosten	9 x 9 x 200 cm
C	4	Querstreben der Pfosten	9 x 9 x 42 cm
D	3	Seitenteile des Rahmens (Sitzfläche)	3 x 14 x 46 cm
E	2	Vorder-/Rückseite des Rahmens (Sitzfl.)	3 x 14 x 105 cm
F	2	Stützen Rückenlehne	3 x 9 x 43 cm
G	6	Bretter Sitzfläche/Rückenlehne	2,5 x 14 x 105 cm
H	2	Armlehnen	3 x 9 x 42 cm
I	4	Halterungen für das Gitter	2 x 4 x 42 cm
J	2	Streben des Gitters	2,5 x 42 x 56 cm
K	9	Dachlatten	2 x 4 x 70 cm

Materialliste

Menge	Beschreibung
(Zeder, alternativ: Fichte, Lärche, Kiefer)	
4	9 x 9 x 250 cm
5	3 x 14 cm x 250 cm
1	3 x 9 x 250 cm
4	2 x 4 x 250 cm
3	Terrassendielen, 2,5 x 14 cm x 250 cm
1	Holzgitter, 42 x 120 cm
	Holzschrauben, 15 cm
	Terrassenschrauben, 6,5 cm
	Senkkopfschrauben mit kleinem Kopf, 4 cm

Werkzeug	
Bohrer/Schrauber	Führungsschiene
Maßband	Wasserwaage
Winkelmaß	Zwingen
Kreissäge	Feile oder Raspel
Zirkel	Stichsäge

Bauanleitung Laubenbank

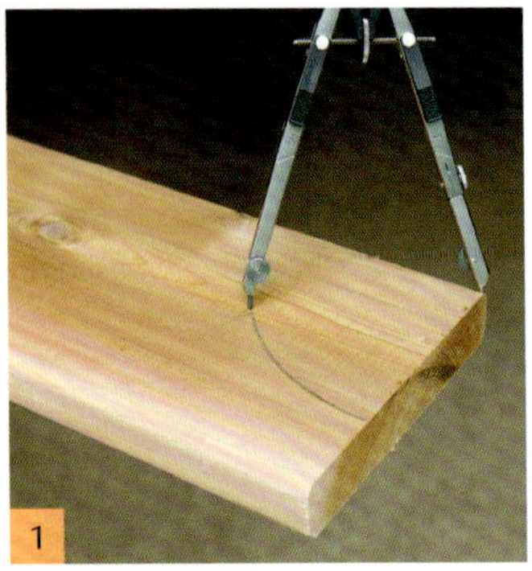

1

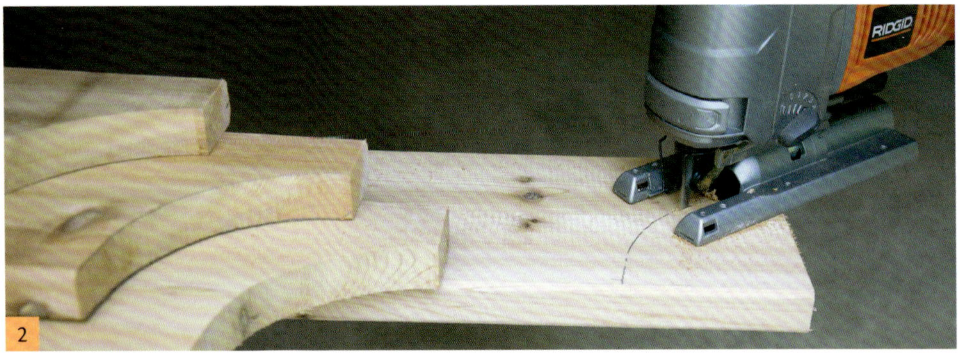

2

3

4

(#1) Der Oberteil der Laube wird gebaut, indem man paarweise Bretter (3 x 14 cm) auf den Oberseiten der vorderen und hinteren Pfosten übereinanderlegt. In die Teile der Tragebalken wird an den Enden für eine ansprechendere Optik ein Profil gesägt. Beginnen Sie damit, die Balken aus den Brettern (3 x 14, wir haben Zedernholz verwendet) zuzuschneiden. Dann mit dem Zirkel eine Schnittlinie mit dem Radius von 9 cm an die untere Ecke eines jeden Balkens zeichnen.

(#2) Sägen Sie die Profile an den Enden der Balken mit einer Stichsäge aus. Die ausgesägten Profile mit einer Feile oder einer Raspel glätten.

(#3) Das Kantholz (9 x 9 cm) und die Querstreben ablängen und dann mit Zwingen zusammenklemmen wie auf Seite 55 („Seitenansicht im Detail") gezeigt. Den mit Zwingen versehenen Aufbau auf eine flache, gerade Oberfläche legen und die Teile mit Holzschrauben durch die Steher und in die Querstreben verschrauben. An jeder Verbindung mindestens zwei Schrauben (besser drei) verwenden. Die meisten Holzschrauben sind selbstschneidend, sollten Sie dennoch Schwierigkeiten haben, bohren Sie vor.

(#4) Die vier Teile des Rahmens für die Kiste des Sitzes auf die richtige Länge zuschneiden und dann den Rahmen montieren, indem man ihn mit rostfreien Stahlschrauben oder beschichteten Terrassenschrauben (6,5 cm) zusammenschraubt, je drei Schrauben pro Verbindung.

5

(#5) Eine der Steherkonstruktionen vorsichtig auf ihre Seite legen, dann den Kasten für die Sitzfläche so daran anbringen, dass die Oberseite des Rahmens der Sitzfläche bündig mit der Unterseite der Querstreben der Steherkonstruktion abschließt. Den Vorgang für die andere Seite wiederholen.

(#6) Die Rückenlehne zuschneiden, dabei die zugeschnittenen Eckprofile an der Rückseite mit einschließen und die drei Bretter der Rückenlehne mit Senkkopfschrauben mit kleinem Kopf (4 cm) festschrauben. Dabei darauf achten, dass Sie die Schraubköpfe leicht (aber nicht zu tief) versenken. Zwischen den Brettern einen Spalt von ca. 3 mm lassen.

(#7) Die Rückenlehne an den Stehern mit drei oder vier Schrauben pro Steher befestigen. Die rückwärtige Kante des Pfostens sollte sich in der Mitte des Rahmens der Rückenlehne befinden und das oberste Brett der Rückenlehne sollte nahe der Mitte der Steher sein.

(#8) Mit Senkkopfschrauben mit kleinem Kopf (4 cm) die Bretter der Sitzfläche auf den Rahmen der Sitzfläche schrauben und die Schraubenköpfe versenken. Die Schrauben sorgfältig in gleichmäßigen Abständen einschrauben, sodass Sie ein regelmäßiges Muster aus gut platzierten Schraubenköpfen haben – sie werden am Ende sichtbar sein und ein schlampiges Muster verleiht dem Werkstück ein etwas amateurhaftes Aussehen.

6

7

8

9

(#9) Die dekorativen Tragebalken oben an den Stehern mit Senkkopfschrauben mit kleinem Kopf anschrauben. Die Oberkanten der Balken sollten bündig mit den Oberkanten der Pfosten sein, wobei die Überhänge an allen Seiten gleich lang sein sollten.

(#10) Schneiden Sie die Armlehnen zu und bringen Sie sie sicher zwischen den Vorder- und Rückseiten der Steher an. Sacklochbohrungen mit Löchern an der Unterseite der Armlehnen ergeben eine starke Verbindung, aber man kann auch noch eine zusätzliche Verstärkung zuschneiden und diese zwischen den Stehern unter den Armstützen anschrauben, um diese zu unterstützen.

(#11) Fügen Sie einen Sicht- und Windschutz an, indem Sie das Holzgitter an den Seitenteilen der Steherkonstruktionen anbringen. Schneiden Sie das Gitter (ein vorgefertigtes Produkt) zurecht, damit es passt. Zwei Leisten für das Gitter zuschneiden (2 x 4 cm) und die Gitter dann mit kurzen Schrauben an die Halter schrauben.

(#12) Die Dachlatten zur Zierde so zuschneiden, dass sie auf den Aufbau passen, damit das Werkstück zu einer richtigen Laube wird. Vorne auf Gehrung (etwa 30°) sägen und in Abständen von 14 cm anbringen (ein Brett, 2,5 x 14 cm) ist ein guter Abstandshalter, um gleichmäßige Abstände zu erhalten). Beginnen Sie mit dem Balken in der Mitte, arbeiten Sie sich nach außen zu den Enden vor und verwenden Sie Senkkopfschrauben mit kleinem Kopf (4 cm) zum Festschrauben. Das Werkstück, falls gewünscht, lackieren.

10

11

12

VARIANTE: Füße montieren

Falls Ihre Laubenbank an einem Ort stehen soll, an dem sie starken Winden ausgesetzt ist, oder Sie befürchten, sie könnte umkippen, können Sie dem Werkstück Stabilität verleihen, indem Sie unten ein Paar Füße anbringen. Einfach zwei Bretter (3 x 14 cm) auf eine Länge von ca. 100 cm zuschneiden und parallel zu den Seitenteilen der Laubenbank unten an den Stehern anschrauben.

Wegen des dekorativen Effekts und um die Stolpergefahr zu minimieren, wiederholen Sie die Profile, die Sie oben an den Tragebalken gefräst haben (siehe Schritt 1 und 2).

8

BANK- & SEEMANNS-TRUHE

Mit ihrem rustikalen Charme, gepaart mit klaren Linien, ist diese Banktruhe überall zuhause.

Einfach gesagt: Diese Bank ist eine Truhe. Ein großer Vorteil auf jeder Terrasse und jedem Balkon ist, dass eine Banktruhe zwei Aufgaben gleichzeitig übernimmt, wie ihr Name schon sagt. Sie bietet einen bequemen Sitzplatz, während sie auch genug Fassungsvermögen bereitstellt, um etliche Dinge darin zu verstauen, wie etwa Kissen, Sitzsäcke oder Gartenspiele.

Dieses Design, das ein bisschen an alte Wäschetruhen erinnert, ist klassisch und einfach. Es besteht großteils aus an den Kanten verleimten Brettern (2 x 9 cm). Leisten im Inneren der Truhe halten diese zusammen und die auf Gehrung gesägten Beine verleihen ihr eine raffinierte und ausgefeilte Optik. Verwenden Sie qualitativ hochwertigen Leim, um dem Werkstück zusätzlichen Halt zu verleihen. Sie können auch Beschläge anbringen, um die Widerstandsfähigkeit generell zu erhöhen.

Die Banktruhe wird aus (unbehandeltem) Kiefernholz für den Innenbereich gebaut, weshalb es wichtig ist, sie sowohl innen als auch außen mit einem wetterfesten Lack zu streichen. Hochglänzender Bootslack ist eine ausgezeichnete Wahl. Oder Sie ziehen eine leicht färbende Beize in Betracht, um die Holztöne zu verstärken. Und vergessen Sie auch nicht die Möglichkeit des Farblacks: Glänzendes Verkehrsgrau sieht bei Seemannstruhen immer angebracht aus. Oder Sie wählen einen helleren Farbton und bringen ein bisschen Farbe in Ihren Außenbereich.

BANK- & SEEMANNSTRUHE

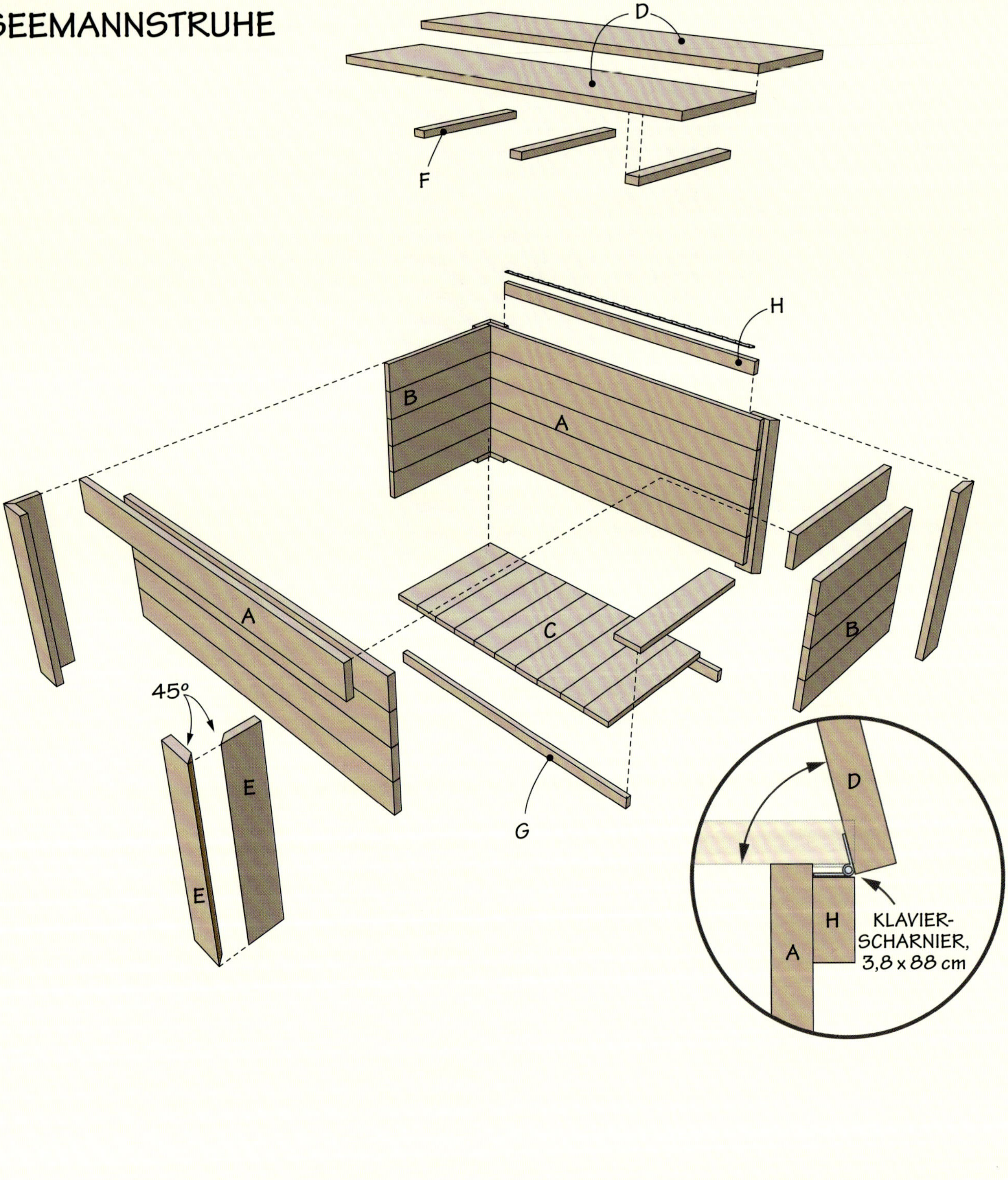

Zuschnittliste

Legende	Menge	Beschreibung	Maße
A	10	Bretter für Vorder-/Rückseite	2 x 9 x 100 cm
B	10	Bretter für die Seiten	2 x 9 x 45 cm
C	11	Bretter für den Boden	2 x 9 x 45 cm
D	2	Bretter für den Deckel	2 x 27 x 106 cm
E	8	Bretter für die Beinpaare	2 x 7 x 48 cm
F	3	Leisten	2 x 4 x 36 cm
G	2	Stützleisten für den Boden	2 x 4 x 96 cm
H	1	Stützleiste für das Scharnier	2 x 4 x 88 cm

Materialliste

Menge	Beschreibung
(Kiefer)	
11	2 x 9 x 250 cm
2	2 x 7 x 250 cm
1	2 x 27 x 250 cm
1	Klavierscharnier, 88 cm
	Terrassenschrauben, 3,5 cm
	Stauchkopfnägel, 3,5 cm
	Leim für den Außenbereich
	Beize oder Lack

Werkzeug	
Bohrer/Schrauber	Führungsschiene
Maßband	Schleifgerät
Winkelmaß	Zwingen
Kreissäge	Gehrungssäge

Bauanleitung Bank- & Seemannstruhe

1

(#1) Die Bretter für die verleimte Vorder- und Rückseite sowie die Seiten aus dem 9 cm breiten Holz zuschneiden. Möglichst astfreies verwenden. Hier wurde astfreies Kiefernholz für den Innenbereich oder noch besseres Holz verwendet.

TIPP: Die Bretter zum Verleimen ein wenig länger zuschneiden und später die Wände der Truhe zurechtschneiden, um eine gerade Kante zu erhalten.

2

(#2) Die Bretter (2 x 9 cm) verleimen und mit Zwingen befestigen, um die verleimten Wände für die Truhe herzustellen. Dafür Leim für den Außenbereich verwenden. Es ist außerdem ratsam, ein oder zwei Hilfsbretter auf den Aufbau zu klemmen, um zu verhindern, dass die einzelnen Bretter verrutschen, während der Leim trocknet. Wer möchte, kann die geleimten Kanten mit Sacklochverschraubungen oder anderen Verbindungsmethoden verstärken, aber in den meisten Fällen ist eine gute Verleimung stark genug.

3

4

5

6

7

(#3) Die geleimten Bretter für Seitenteile, Vorder- und Rückseite mithilfe einer Führungsschiene und einer Kreissäge zuschneiden. Ein feines Sägeblatt verwenden, um die Kante so glatt wie möglich zu sägen. Die Wände der Truhe können mit Sacklochverbindungen zusammengeschraubt oder einfach durch vorgebohrte Löcher an den Enden verschraubt werden, da die Köpfe der Schrauben von den Beinen verdeckt werden. Ein Winkelmaß verwenden, um die Verbindungen auf ihre rechten Winkel zu überprüfen, und den Druck der Zwingen anpasssen, um sie gegebenenfalls rechtwinkelig zu machen.

(#4) Die Bretter für die Beine (2 x 7 cm) zuschneiden. Insgesamt hat man acht Werkstücke vor sich liegen. An der schöneren Kante eines jeden Bretts (falls es eine gibt) einen Gehrungsschnitt im Winkel von 45° sägen. Mit einer Kreissäge, deren Schnittwinkel auf 45° eingestellt wurde, können Sie dies ebenfalls bewerkstelligen, solange Ihr Werkstück sicher eingespannt ist und Sie eine Führungsschiene verwenden.

TIPP: Wahrscheinlich ist es leichter, die Gehrungen an den Kanten der Bretter zuerst zu sägen und sie erst dann auf die Länge der Beine zuzuschneiden.

(#5) Die auf Gehrung geschnittenen Bretter zu vier Beinen vormontieren, indem man je zwei verleimt; dann die Verbindung mit Stauchkopfnägeln durch vorgebohrte Löcher entlang der Gehrung verstärken. Ein Paar Gehrungszwingen (90°) wie oben gezeigt, erleichtern die Arbeit und verhindern Ungenauigkeiten.

(#6) Die Kiste verkehrt herum auf eine glatte Oberfläche legen und die Beine an jeder Ecke verleimen und festklemmen. Die Beine sollten 3 cm über der Unterkante hervorstehen, sodass Sie ein bisschen Platz unter der Truhe haben und diese keinen Bodenkontakt hat. Verstärken Sie die Verbindungen mit Schrauben (3,5 cm), die Sie vom Inneren der Truhe in die Beine schrauben. Die Schrauben großzügig verwenden, aber aufpassen, dass nicht die Schraubenspitzen die Oberfläche der Beine beschädigen.

(#7) Bringen Sie eine Stützleiste zwischen den Querstreben oben an der montierten Truhe für das Klavierscharnier an. Lassen Sie einen Abstand von 3 mm für das zusammengeklappte Scharnier (siehe Illustration auf Seite 62).

8

9

10

11

12

(#8) Zwei weitere Leisten (2 x 4 cm) am Boden der Truhe anbringen, um die Bodenplatte zu verstärken. Bauen Sie den Deckel aus zwei Stücken des 27 cm breiten Bretts mit derselben Technik (Kanten verleimen) wie für die Seiten, die Vorder- und Rückseite. Um für Belastbarkeit und Haltbarkeit zu sorgen, wenn die Truhe im „Bankmodus" ist (also, wenn jemand darauf sitzt), an der Unterseite des verleimten Deckels Leisten (2 x 4 cm) anschrauben, wenn der Leim getrocknet ist.

(#9) Alle Holzoberflächen abschleifen, um die Fronten zu glätten. Beim Schleifen der Beine darauf achten, nicht zu viel Holz wegzuschleifen und die Gehrungen freizulegen.

(#10) Die Bank mit einem Produkt, das für den Außenbereich geeignet ist, beizen oder lackieren (siehe Seite 61). Es ist auch empfehlenswert, das Innere zu behandeln, um das Holz zu schützen und zu verhindern, dass das Holz sich biegt oder krümmt.

(#11) Den Deckel an der Truhe mit einem Klavierscharnier aus Messing befestigen.

(#12) Bringen Sie zwei Rückhalteketten an den Seitenteilen und den Leisten an, um den Deckel aufrecht zu halten.

9

HOLZ-BANK

Der massive Unterbau und die stabile Sitzfläche werden durch den raffinierten, fernöstlich inspirierten Stil aufs Schönste veredelt.

Einen Platz zum Sitzen und Nachdenken auf der Terrasse oder dem Balkon zu haben, ist eigentlich eine Selbstverständlichkeit. Sich dafür seine eigene Sitzgelegenheit zu bauen, ist darüber hinaus eine lohnende Art und Weise, den eigenen Lebensraum individuell zu gestalten. Im Outdoor-Design ist Schlichtheit oft mehr, deshalb ist diese Bank sowohl schlicht als auch ansprechend. Inspiriert von japanischen Holzbänken weist sie kontrastierende Holztöne auf, die ein echter Blickfang sind.

Für die Bank werden Kanthölzer als Basis der tragenden Struktur verwendet. Die Ausnehmungen, die zum Verbinden der Beine und Querbalken benötigt werden, können ganz einfach mit der Kreissäge und einem Stemmeisen erstellt werden. Es wird empfohlen, lange Terrassenschrauben zum Verstärken der Steckverbindungen einzuschrauben. Aber wenn Sie es lieber schlicht wollen (viele der Bänke im japanischen Stil, auf dem diese hier basiert, sind völlig zerlegbar), dann verwenden Sie überhaupt keine Schrauben, sodass das Stück leicht auseinandergebaut und transportiert werden kann. Mit ein paar wenigen Änderungen im Design können Sie mit dieser Anleitung Holzverbindungen ohne Schrauben oder Leim herstellen.

HOLZBANK

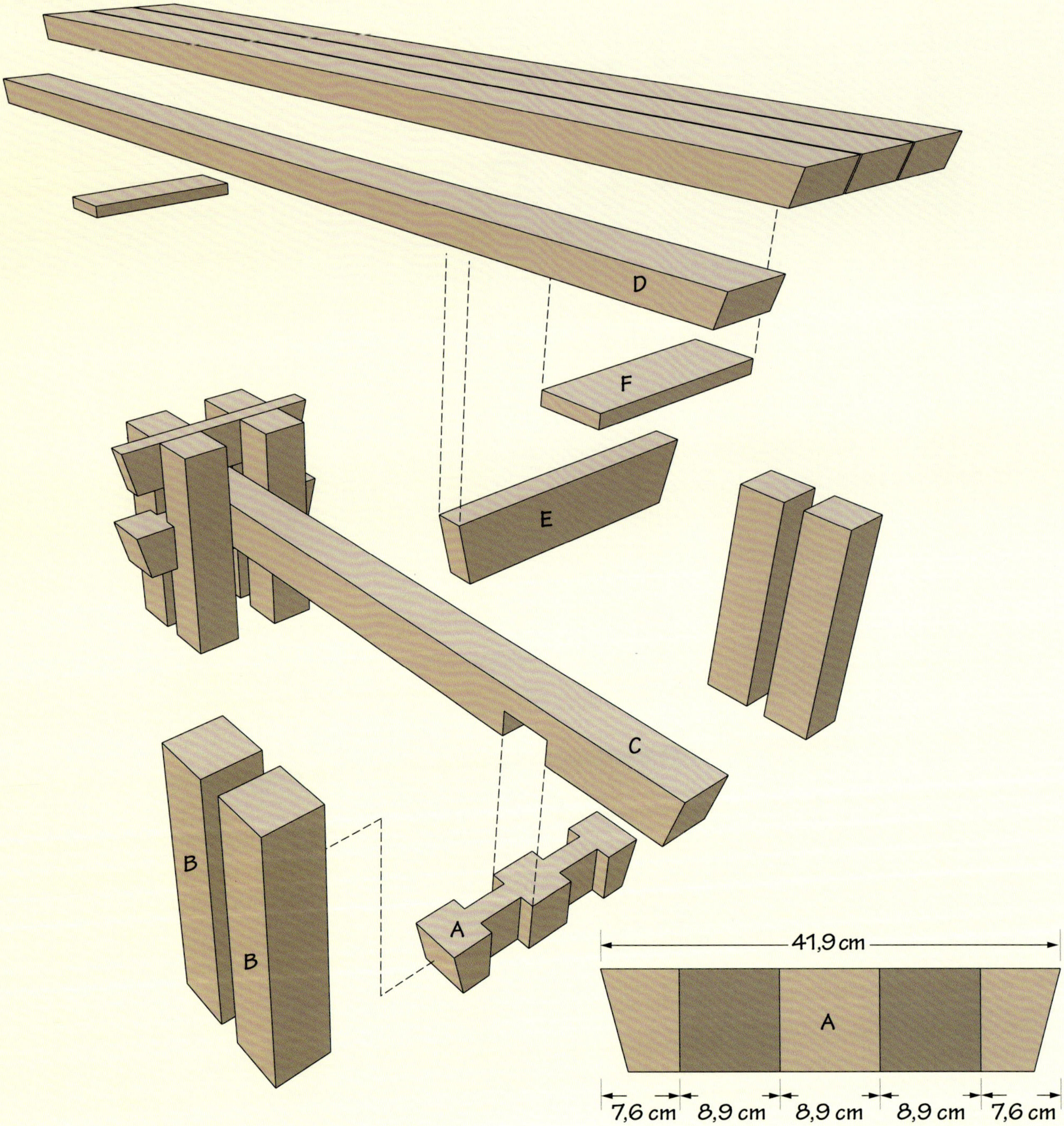

Zuschnittliste

Legende	Menge	Beschreibung	Maße
A	2	Stützen für Beine/Längsbalken	9 x 9 x 42 cm
B	8	Beine	9 x 9 x 40 cm
C	1	Längsbalken	9 x 9 x 147 cm
D	4	Bretter (Sitzfläche)	4 x 9 x 160 cm
E	2	Stützen/Querbalken für die Sitzfläche	4 x 9 x 42 cm
F	2	Querhölzer für die Sitzfläche	2 x 4 x 28 cm

Materialliste

Menge	Beschreibung
(Zeder, alternativ: Lärche, Fichte, Kiefer)	
3	9 x 9 x 250 cm
5	4 x 9 x 250 cm
1	2 x 4 x 100 cm
	Terrassenschrauben, 10 cm
	Schrauben für Sacklochbohrungen, 5 cm

Werkzeug	
Bohrer/Schrauber	Stemmeisen
Maßband	Führungsschiene
Winkelmaß	Wasserwaage
Kreissäge	Zwingen
Handsäge	

Bauanleitung Holzbank

1

2

(#1) Die Teile zuschneiden. Achten Sie darauf, dass die Schnitte im rechten Winkel sind und die Längen genau stimmen. Sägen Sie in die Enden des Längsbalkens und die beiden Querbalken einen 15°-Winkel.

(#2) Stellen Sie die Schnitttiefe Ihrer Kreissäge auf 2,5 cm. Markieren Sie die Positionen der Kerben an den Querbalken der Beine.

(#3) Mit der Säge mehrmals einschneiden, um das Holz einzukerben und die Überreste mit dem Stemmeisen aus der Kerbe zu entfernen. Achten Sie darauf, innerhalb der Markierungen zu arbeiten und vergewissern Sie sich, dass Ihr Werkstück gut befestigt ist.

(#4) Die Überreste aus den Kerben mit einem scharfen Stemmeisen in einer Tiefe von 2,5 cm entfernen. Die unteren Flächen der Kerben mit dem Meißel so glatt wie möglich ausarbeiten.

(#5) Die Kerben mit diesem selbst gebauten Schleifwerkzeug glätten. Es ist einfach ein 2,5 cm dickes Stück Holz, das so zugeschnitten wurde, dass es bequem in ein Schleifband (45,7 x 7,5 cm) passt.

(#6) Den Querbalken mit den ausgeschnittenen Kerben auf zwei Beine stecken wie gezeigt. Die Teile mit Terrassenschrauben (10 cm) an der Verbindungsstelle verschrauben, um die Teile miteinander zu verbinden. Für das andere Ende der Bank wiederholen.

7

8

9

10

(#7) Die inneren Beine jeweils auf der anderen Seite der Querbalken mit weiteren Terrassenschrauben (10 cm) festschrauben, dabei die Schraubenköpfe leicht versenken.

(#8) Den Längsträger an beiden Enden auf dieselbe Weise einsägen, die Kerben ausstemmen und schleifen wie die Querbalken für die Beine. Legen Sie den Längsbalken mit der Unterseite nach oben auf ein Reststück (10 x 10 cm), stellen Sie dann die vorher zusammengebauten Beinkonstruktionen darauf und verschrauben Sie sie mit dem Längsbalken mit Terrassenschrauben (10 cm).

(#9) Sacklöcher so in die Stützen der Sitzfläche bohren, dass die Löcher in gleichmäßigem Abstand zu denen der nächsten Bretter sind. Mit Schrauben für Sacklochbohrungen (5 cm) verschrauben, dabei darauf achten, dass die Schrauben nicht zu tief kommen und die Oberfläche der einzelnen Bretter der Sitzfläche nicht beschädigen. Ein Stück Holz an jedem Ende als Abstandshalter verwenden.

(#10) Die Sitzfläche auf die Beinkonstruktion stecken, wenn nötig einen Hammer verwenden. Dann Schrauben (10 cm) von innen durch die Beine und in die Stützen der Sitzfläche schrauben. Wie gewünscht streichen.

10

ADIRONDACK-GARTENSESSEL

Extrabreite Armlehnen und eine robuste Sitzfläche aus Kantholz (4 x 4 cm) sind zwei der Elemente, die diesen Adirondack-Sessel von anderen unterscheiden, die diesen Namen tragen.

Thomas Lee würde staunen über die Verbreitung von Möbelstücken, die auf dem ersten, 1903 von ihm entworfenen, Westport-Lattenstuhl basieren. Er ist bis heute ein amerikanischer Klassiker geblieben. Es gibt unzählige Varianten des Original-Designs, etwa auch Adirondack-Doppelsitzer und sogar Riesen-Adirondack-Sessel, die oft als Novitäten gebaut wurden. Auch wenn es in diesem Design ein paar kniffelige Elemente gibt, ist die Gestaltung Ihres eigenen Adirondack-Gartensessels ein relativ einfaches Projekt, wenn es um durchzuführende Anpassungen geht.

Dieses Design hält das klassische Erscheinungsbild aufrecht, allerdings mit einigen geringfügigen Änderungen. Die Vorderbeine sind höher und spitz zulaufend, und die Hinterbeine sind stromlinienförmig und gebogen. Die Sitzfläche wird aus Kantholz (4 x 4 cm) gebaut und die Rückenlehne zeigt im Abschluss die Form einer stilisierten Wolke. Senkkopfschrauben mit kleinem Kopf erlauben eine schnellere Montage. Jedes Loch für Nägel oder Schrauben mit lackierbarem Kitt vor dem Beizen und Lackieren füllen.

ADIRONDACK-GARTENSESSEL

DIAGRAMM
ZUSCHNITTMUSTER

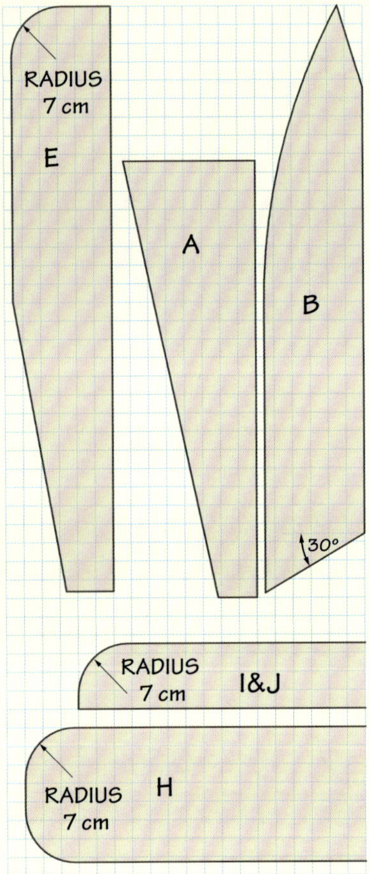

Raster: 2,5 cm

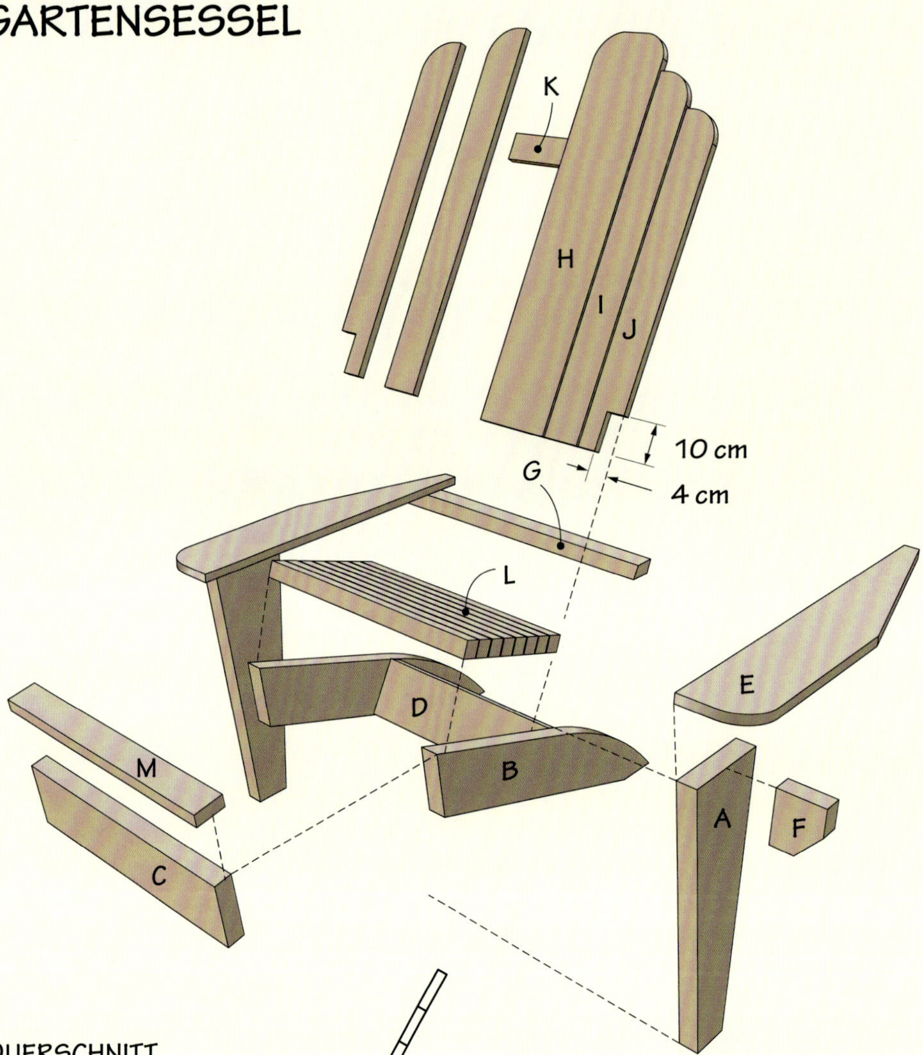

QUERSCHNITT
IM DETAIL

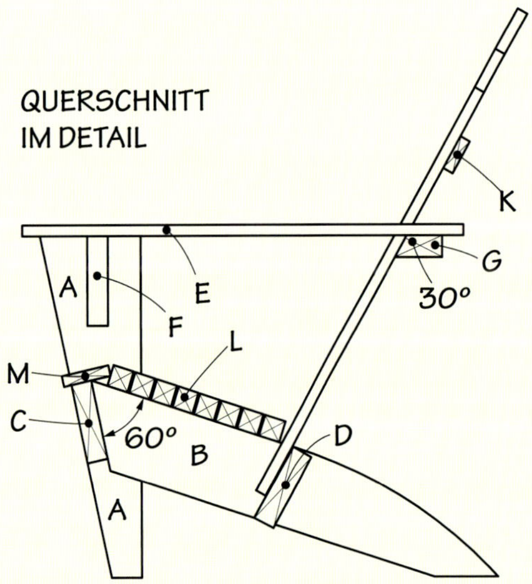

RÜCKENLEHNE IM DETAIL

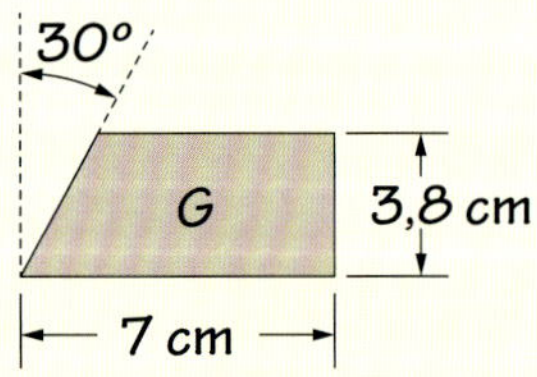

Zuschnittliste

Legende	Menge	Beschreibung	Maße
A	2	Vorderbeine	4 x 18 x 60 cm
B	2	Hinterbeine	4 x 14 x 80 cm
C	1	Vordere Stütze	4 x 9 x 55 cm
D	1	Hintere Stütze	4 x 9 x 47 cm
E	2	Armlehnen	2 x 14 x 83 cm
F	2	Stützen für die Armlehnen	4 x 9 x 15 cm
G	1	Stütze für die Rückenlehne	4 x 7 x 63 cm
H	1	Mittelteil Rückenlehne	2 x 18 x 97 cm
I	2	Innenteile Rückenlehne	2 x 9 x 89 cm
J	2	Außenteile Rückenlehne	2 x 9 x 82 cm
K	1	Latte für die Rückenlehne	2 x 4 x 53 cm
L	8	Kantholz für die Sitzfläche	4 x 4 x 55 cm
M	1	Blende an der Vorderseite	2 x 9 x 55 cm

Materialliste

Menge	Beschreibung
(Zeder oder Kiefer)	
1	4 x 18 x 300 cm
1	4 x 9 x 200 cm
2	4 x 4 x 250 cm
3	2 x 18 x 250 cm
1	2 x 4 x 100 cm
2	2 x 14 x 250 cm
2	2 x 9 x 180 cm
	Senkkopfschrauben mit kleinem Kopf, 3 cm
	Senkkopfschrauben mit kleinem Kopf, 4 cm
	Senkkopfschrauben mit kleinem Kopf, 6,5 cm
	Teaköl oder Kunstharz

Werkzeug	
Bohrer/Schrauber	Führungsschiene
Maßband	Wasserwaage
Winkelmaß	Zwingen
Kreissäge	Stichsäge
Schwingschleifer	Bohrschablone für Sacklochbohrungen

Bauanleitung Adirondack-Gartensessel

1

(#1) Die Vorderbeine ablängen. Mit einer Führungsschiene und einer Kreissäge beide Vorderbeine spitz zulaufend von unten nach oben sägen (siehe Diagramm Zuschnittmuster, vorige Seite). Unter das Bein ein Stück Verschnitt legen, um Ihre Arbeitsfläche zu schützen. Auch für die Armlehnen Abschrägungen sägen. Kippen Sie die Grundplatte Ihrer Säge um etwa 30° und sägen Sie eine Gehrung entlang einer Kante der Stütze der Rückenlehne (G).

2

(#2) Die Hinterbeine ablängen. Vorne im 30°-Winkel sägen, dann ein dünnes Stück Holz über das Profil der Beine biegen und mit Zwingen an das Brett für das Bein klemmen, sodass man den Bogen nachzeichnen kann, um eine Zuschnittlinie zu erhalten.

(#3) Mit einer Stichsäge den Bogen in die Oberseiten der Hinterbeine sägen. Auch außen in die Vorderseiten der Armlehnen Bögen sägen.

(#4) Gleiche Teile parallel zusammenklemmen, fixieren und mit einem Schwingschleifer glatt schleifen und die Rundungen glätten, sodass sie dem Diagramm entsprechen und im fertigen Stuhl identisch aussehen.

(#5) Mit einer Stichsäge die runden Bögen in die oberen Enden der Bretter für die Rückenlehne (H–J) sägen. In die unteren Enden der Außenteile der Rückenlehne (J) eine Ausnehmung (4 x 10 cm) sägen, wie in der Illustration auf Seite 74 abgebildet.

(#6) Die Hinterbeine an das vordere Querbrett (C) mit Senkkopfschrauben mit kleinem Kopf (6,5 cm) schrauben. Blindeckverschraubungen sind zwar geeignet, aber Sacklochverbindungen sind die stärkere und schönere Lösung.

(#7) Senkkopfschrauben mit kleinem Kopf (6,5 cm) durch die Hinterbeine schrauben, um diese an den Vorderbeinen zu befestigen. Darauf achten, dass das Werkstück plan ist und die Vorderbeine ausloten. Überschüssiges Holz unten von den Hinterbeinen entfernen, um sicherzustellen, dass die Vorderbeine korrekt stehen. Auch von der Rückseite der Vorderbeine aus Lot und Maß überprüfen.

(#8) Leim auftragen und dann die Armlehnen mit Senkkopfschrauben mit kleinem Kopf (4 cm) an die Vorderbeine schrauben. Die Stützen für die Armlehnen (F) an der Unterseite mit Senkkopfschrauben mit kleinem Kopf (6,5 cm) seitlich und mit Senkkopfschrauben mit kleinem Kopf (4 cm) oben festschrauben. Die Rückseite an die Beine schrauben, aber nur eine Schraube pro Seite verwenden, falls Sie sie noch ein bisschen korrigieren müssen, wenn die Rückenlehne montiert wird.

(#9) Die Bretter der Rückenlehne mithilfe von Schrauben als Abstandshalter anordnen und dann das Gefüge leicht festklemmen, um es zu fixieren. Eine Latte (2 x 4 cm) mit Senkkopfschrauben mit kleinem Kopf (3 cm) montieren, um die Bretter zusammenzuhalten.

(#10) Das Querholz für die Rückenlehne (G) mit Senkkopfschrauben mit kleinem Kopf (6,5 cm) an die Unterseite der Armlehnen schrauben. Winkel und Position der Rückenlehne überprüfen. An den Armlehnen waagerecht ausrichten, die Höhe der Rückenlehne anhand der Stütze der Rückenlehne ausrichten. Die Rückenlehne mithilfe von Zwingen an ihren Platz bringen und mit Schrauben (4 cm) an das hintere Querholz schrauben. Mit den verbleibenden Schrauben die Bretter der Rückenlehne an der hinteren Stütze zwischen den hinteren Beinen fixieren. Schließlich Senkkopfschrauben mit kleinem Kopf (4 cm) durch die Latten der Rückenlehne in das Querholz der Rückenlehne schrauben.

(#11) An der Rückseite beginnen und das Kantholz für die Sitzfläche mit Senkkopfschrauben mit kleinem Kopf (6,5 cm) anschrauben. Die vordere Blende an der vorderen Querstrebe mit Senkkopfschrauben mit kleinem Kopf (3 cm) anbringen. Schleifen und mit Teaköl oder Kunstharz streichen.

11

CLUB-SESSEL

Klassische Retro-Elemente, eine schlichte Machart und gekaufte Kissen sorgen für ein leichtes Zusammenbauen (und Leben) im Freien.

Nur wenige Dinge sind angenehmer, als in einem Clubsessel mit einem Buch und einer eiskalten Limonade in der Hand an einem warmen Sommertag zu entspannen. Das ist der perfekte Ort zum Abschalten. Clubsessel werden traditionellerweise mit Kissen gemacht, was wirklich einen großen Unterschied in der Bequemlichkeit mit sich bringt. Also holen Sie sich noch ein paar Ideen, indem Sie sich andere Stühle und Kissen anschauen, bevor Sie beginnen. Am Ende diktieren die Kissen, die Sie sich aussuchen, die Größe des Sessels (außer Sie sind ein Zauberer an der Nähmaschine und können Ihre eigenen, passenden Kissen anfertigen). Die hier gezeigten Kissen stammen aus einem Kaufhaus. Man kann die Kissen auch in vielen Einrichtungshäusern kaufen oder online bestellen, um mehr Auswahl in Farben und Stil zu haben.

Sein einfaches Design ermöglicht einen leichten Zusammenbau dieses Sessels. Mahagoni ist eine vorzügliche Materialwahl, da es wetterfest ist. Ebenfalls eine gute Wahl sind Lärche, Fichte, Buche oder Eiche. Verwenden Sie Bretter, die an allen Seiten abgeschliffen sind und, falls notwendig, lassen Sie sich gerade Kanten direkt im Baumarkt (oder Sägewerk) zuschneiden. Die Montage erfolgt durch Sacklochverbindungen mit zusätzlichen Metallwinkeln an der Innenseite des Rahmens für mehr Stabilität. Mit Teaköl oder Bootslack streichen, um die prächtige Farbgebung und Maserung des Mahagoniholzes zu betonen.

CLUBSESSEL

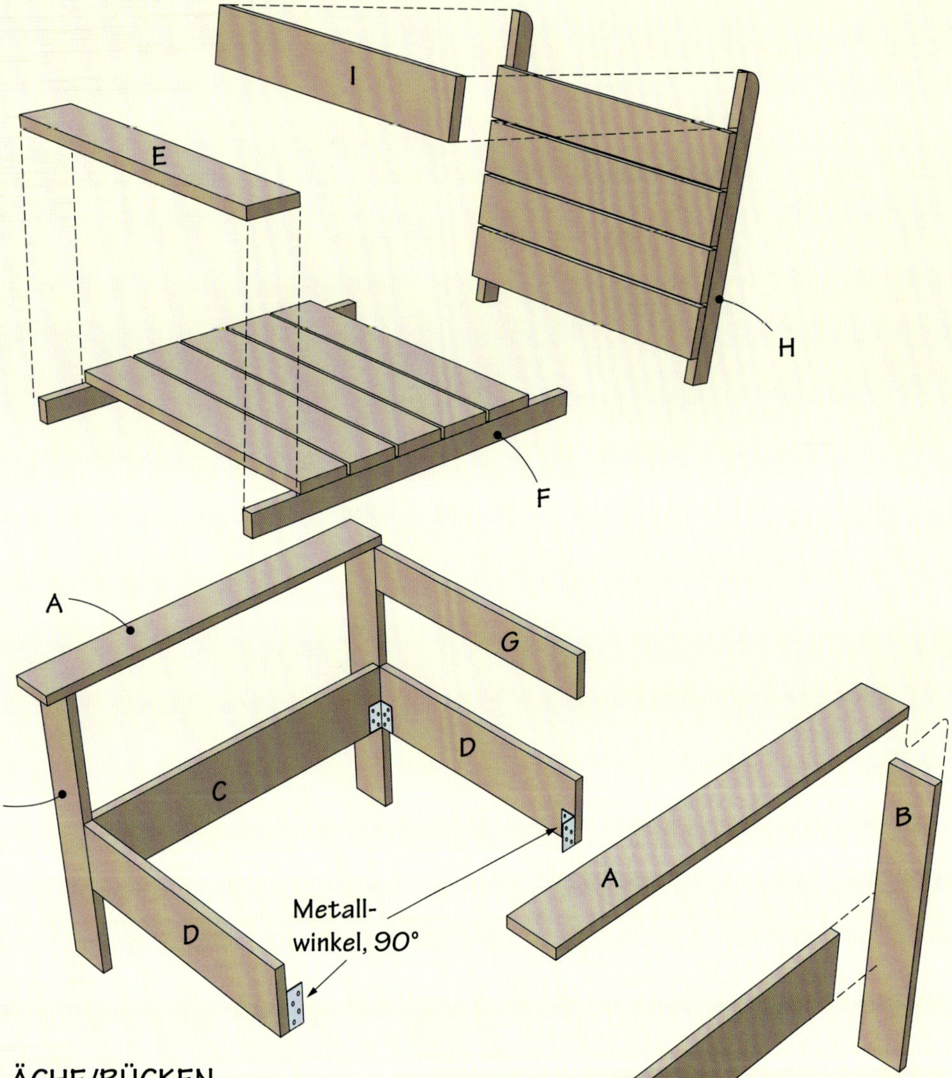

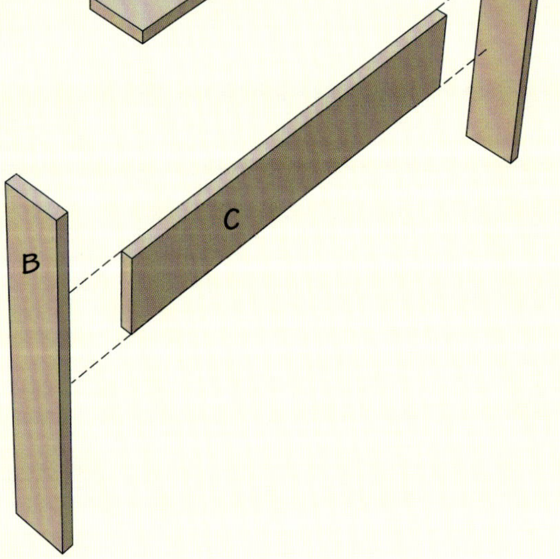

SITZFLÄCHE/RÜCKENLEHNE IM DETAIL

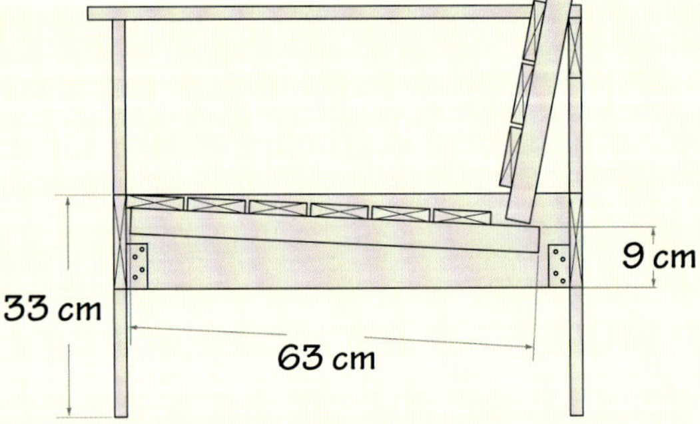

Zuschnittliste

Legende	Menge	Beschreibung	Maße
A	2	Armlehnen	2,5 x 9 x 76 cm
B	4	Beine	2,5 x 9 x 59 cm
C	2	Einfassungen an den Seiten	2,5 x 14 x 68 cm
D	2	Einfassungen Vorder-/Rückseite	2,5 x 14 x 54 cm
E	6	Bretter für die Sitzfläche	2,5 x 14 x 54 cm
F	2	Querlatten für die Sitzfläche	2,5 x 5 x 63 cm
G	1	Verstärkung der Rückenlehne	2,5 x 9 x 54 cm
H	2	Längslatten für die Rückenlehne	2,5 x 5 x 52 cm
I	5	Bretter für die Rückenlehne	2,5 x 9 x 54 cm
		Maße der Kissen	10 x 60 x 54 cm

Materialliste

Menge	Beschreibung
(Mahagoni oder Lärche, Fichte, Buche, Eiche)	
5	2,5 x 9 x 250 cm
1	2,5 x 14 x 300 cm
1	2,5 x 5 x 250 cm
	Schrauben für Sacklochverbindungen, 3,5 cm
	Halbrundkopfschrauben, 1,5 cm
	90°-Metallwinkel, 4 x 7 cm
	Bootslack (optional)
	Teaköl (optional)

Werkzeug	
Bohrer/Schrauber	Führungsschiene
Maßband	Wasserwaage
Winkelmaß	Zwingen
Kreissäge	Bohrschablone für Sacklochbohrungen
Gehrungssäge	

Bauanleitung Clubsessel

1

(#1) Das Holz (2,5 x 9 cm und 2,5 x 14 cm; wir haben witterungsbeständiges Mahagoniholz verwendet) für Armlehnen, Beine sowie Sitzfläche und Rückenlehne auf die richtige Länge zuschneiden.

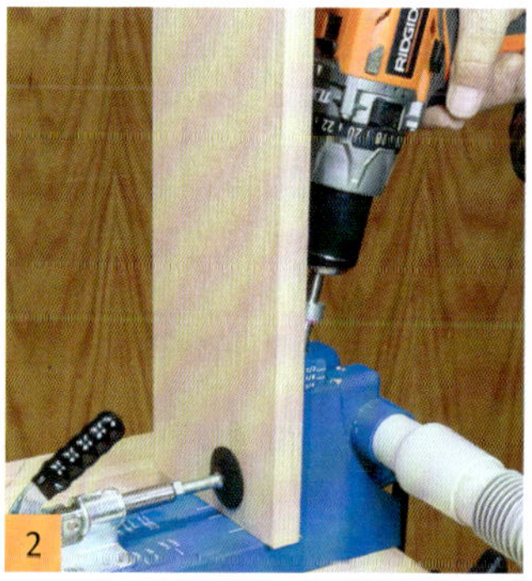

2

(#2) Sacklöcher in die Abdeckungen von Vorder- und Rückseite bohren, falls Sie mit Sacklochverbindungen arbeiten (linkes Foto). Denselben Vorgang für die Seitenabdeckungen wiederholen, dabei darauf achten, dass die Sacklochbohrungen versetzt sind. So wird verhindert, dass die Schrauben aufeinanderstoßen, wenn die Abdeckungen an den Beinen montiert werden. Oben in die Beine ebenfalls zwei Sacklöcher bohren. Die Beine mit Zwingen an die vorderen Abdeckungen klemmen und dann mit den Schrauben für Sacklochverbindungen (3,5 cm; siehe rechtes Foto) verschrauben. Diesen Vorgang für die rückwärtige Abdeckung und die hinteren Beine wiederholen.

(#3) Die seitlichen Einfassungen an die Konstruktion aus Fuß und vorderer Einfassung klemmen. Dabei darauf achten, dass die Enden bündig und rechtwinkelig liegen, die Sacklöcher in den Beinen verschrauben. Für die Montage der Rückseite wiederholen.

(#4) Den Sessel auf die Seite legen, um die Armlehnen und Beine zu montieren. Die Armlehnen an die vorderen und hinteren Beine klemmen. Die Armlehnen sollten über die Vorderbeine ragen. Schrauben für Sacklochverbindungen (3,5 cm) durch die Beine und in die Armlehnen schrauben.

(#5) Die Verstärkung der Rückenlehne (G) zwischen den Hinterbeinen mit zwei Schrauben für Sacklochverbindungen anbringen.

(#6) Löcher in die Querbalken und Längsbalken (2,5 x 5 cm) für Sitzfläche und Rückenlehne bohren. Achten Sie auf die Abstände bei den Querbalken für die Sitzfläche (F), um zu verhindern, dass die Verbindungen aufeinanderstoßen, wenn Sie die Bretter für die Sitzfläche, die Querbalken und die Seitenteile miteinander verbinden.

7

8

9

10

(#7) Die Querlatten für die Sitzfläche und die Bretter mit Zwingen zusammenklemmen, dann an jedem Ende eines jeden Brettes nur eine Schraube für Sacklochverbindungen (3,5 cm) verschrauben. Dies erlaubt Ihnen Korrekturen, damit die Sitzkonstruktion rechtwinkelig wird. Nach etwaigen Korrekturen die Querlatten wieder an die Bretter klemmen und den zweiten Satz Schrauben einschrauben. Dieser Vorgang wird für die Rückenlehne mit Ausnahme der Löcher an den Seiten wiederholt.

(#8) Die untere Sitzkonstruktion zwischen den Seitenteilen einklemmen und dabei den Details der Illustration auf Seite 80 folgen, dann die Seitenteile verschrauben (3,5 cm).

(#9) Die Rückenlehne mit Schrauben oben und unten an den Längslatten (H) anschrauben, wo Armlehnen und Seitenteile aufeinandertreffen. Die Längslatten für die Rückenlehne sollten auf der Verstärkung der Rückenlehne aufliegen.

(#10) Mit den Halbrundkopfschrauben (Durchmesser 4 mm, Länge 1,5 cm) die Metallwinkel in den Ecken anschrauben, wo Beine und Seitenteile aufeinanderstoßen, um die Verbindungen zu verstärken. Wie gewünscht streichen. Wir haben Teaköl verwendet, um die Holztöne anzugleichen, und das Werkstück dann mit Bootslack gestrichen.

12

PALETTEN-TISCH

Ob man es nun Upcycling, Recycling oder Umgestaltung nennt – die Verwandlung einer Holzpalette in einen ansprechenden Tisch ist ein Erfolg auf mehreren Ebenen.

Recycling und Wiederverwendung gehen Hand in Hand mit Do-It-Yourself-Konstruktionen. Neben dem auf der Hand liegenden Kostenvorteil können die Materialien selbst Ihre Kreativität beflügeln und Ihnen dabei helfen, aufregende Ideen für die Wiederverwertung zu entwickeln. Paletten sind zu einer guten und sehr beliebten Wahl für umfunktionierte Baumaterialien geworden. Sie sind massenhaft vorhanden, leicht zu finden und für gewöhnlich gratis. Manchmal werden sie sogar aus Hartholz wie etwa weißer Eiche hergestellt (aber normalerweise sind sie aus einem Holz aus der Kiefern- oder Fichtenfamilie). Sie können leicht zu Brettern zerlegt werden und sind meistens in Standardmaßen gefertigt.

Das hier beschriebene Projekt wurde aus nur zwei Paletten mit sehr wenigen Überbleibseln gebaut. Das Holz ist vermutlich aus verschiedenen Sorten – hüten Sie sich vor modrigem Holz und Chemikalien, da nicht alle Paletten auf die gleiche Weise hergestellt oder verwendet werden. Versuchen Sie Holz zu verwenden, das in Größe, Dicke und Farbe ähnlich ist.

Vorsichtig sein, wenn die Paletten auseinandergebaut werden. Ein Hammer und ein Stemmeisen sind wahrscheinlich alles, was gebraucht wird, allerdings kann eine Recipro-Säge bei hartnäckigen Verbindungen hilfreich sein. Eine Schutzbrille und Schutzhandschuhe sowie eine Staubmaske tragen, wenn die Paletten beim Zerlegen stark stauben.

PALETTENTISCH

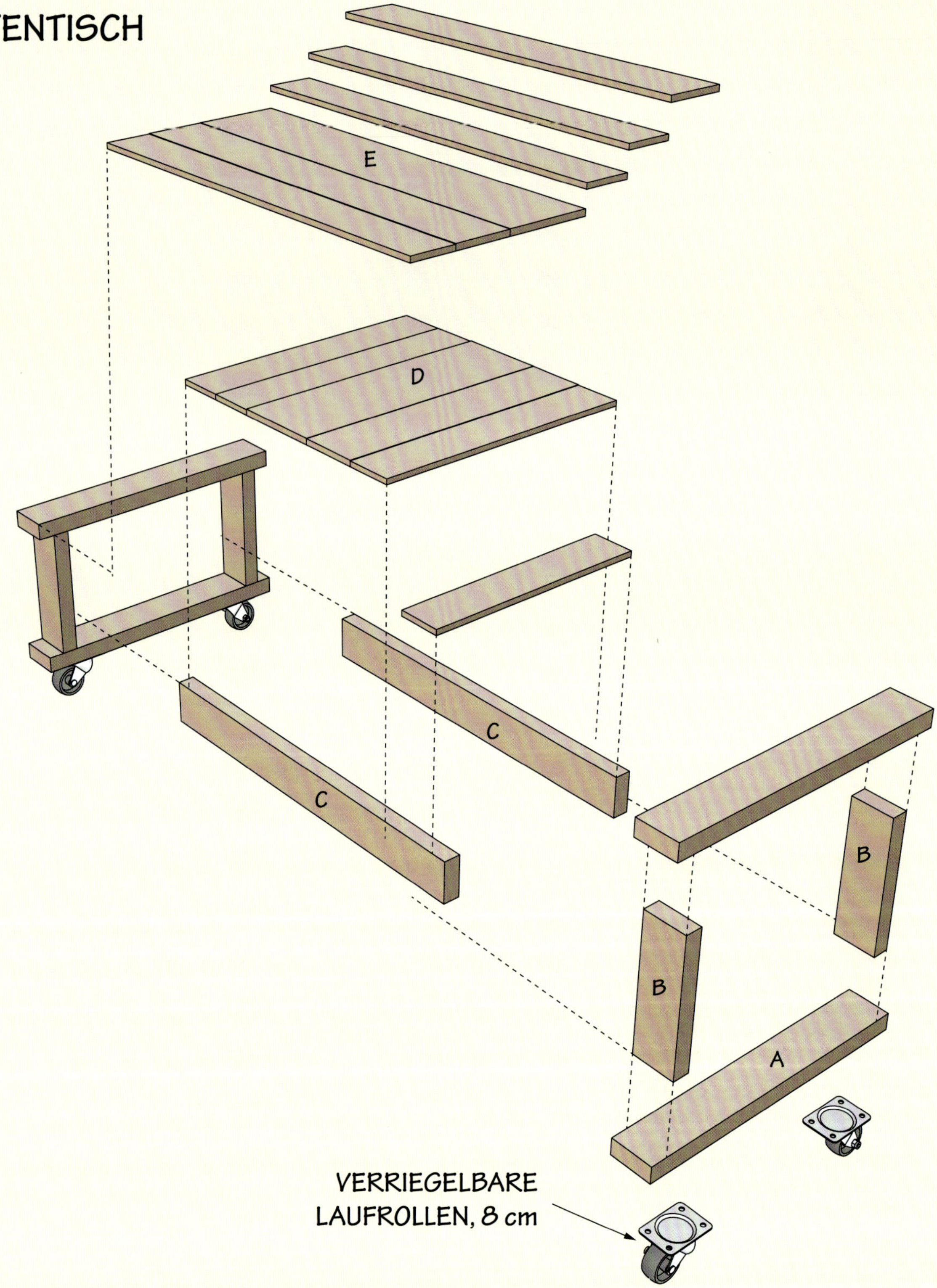

Zuschnittliste

Legende	Menge	Beschreibung	Maße*
A	4	Rahmen oben/unten	3 x 56 cm
B	4	Seitenrahmen	3 x 25 cm
C	2	Querstreben	3 x 80 cm
D	5–7	Regalbretter	2 x 45 cm
E	5–7	Bretter für die Tischfläche	2 x 80 cm

*Breiten variieren

Materialliste

Menge	Beschreibung
3–4	Paletten
	Terrassenschrauben, 6,5 cm
	Stauchkopfnägel, 4 cm
	Leim für den Außenbereich
4	Verriegelbare Laufrollen

Werkzeug	
Bohrer/Schrauber	Führungsschiene
Maßband	Wasserwaage
Winkelmaß	Zwingen
Kreissäge	Farbe (optional)

Palettenrecycling

Zahlreiche Unternehmen befassen sich nicht nur mit der Herstellung, sondern – inzwischen vor allem – auch mit der Aufbereitung und Wiederverwertung von Paletten. Das eröffnet auch praktisch veranlagten Hobby-Recyclern einige Anknüpfungspunkte. Mehr und mehr Paletten werden kreativ in vielfältiger Art und Weise weitergenutzt, und zwar vom Möbelstück bis zum Pflanzkübel. Eine schnelle Suche im Internet wird Ihnen viele interessante Möglichkeiten zeigen, wie Holzpaletten einem neuen Zweck zugeführt werden können.

Man muss nicht weit gehen, um sie zu finden: Paletten gibt es in beinahe jeder Stadt. Die meisten Firmen, die sie zum Transport verwenden, nützen sie so lange wie möglich, oft gibt es aber mangelhafte oder beschädigte Paletten, die nicht mehr verwendet werden. Bei einer kürzlich durchgeführten Online-Suche fand ich über ein Dutzend Orte in meiner Gegend, wo es Paletten umsonst gibt. Seien Sie bei der Beschaffung vorsichtig – nur weil ein Stapel Paletten in einer Seitengasse steht, heißt das nicht, dass sie gratis zum Mitnehmen sind. Finden Sie heraus, wem sie gehören, und fragen Sie, ob sie frei zur Verfügung stehen.

Bauanleitung Palettentisch

1

2

3

4

(#1) Beim Auseinanderbauen der Paletten vorsichtig Nägel und Klammern entfernen. Machen Sie eine Bestandsaufnahme Ihrer Materialsammlung, um sicherzustellen, dass Sie genug haben. Versuchen Sie, so viele Bretter wie möglich mit ähnlicher Breite zu finden. Suchen Sie die besten Stücke in Größe und Aussehen heraus.

(#2) Dann damit beginnen, die Längen der Stücke zuzuschneiden, um die Teile des Palettentischs herzustellen. Auf Nägel oder Schrauben achten! Falls Sie ein Metallsuchgerät haben (oft eine Funktion elektronischer Balkenfinder), führen Sie es über die Bretter, um auf der sicheren Seite zu sein. Ein unentdeckter Nagel kann ein Sägeblatt zerstören.

(#3) Bohren Sie die Löcher für Senkkopfschrauben für die Verbindung der einzelnen Teile des Rahmens. Die Teile des Rahmens sollten aus den dickeren Teilen des Rahmens vom Inneren der Paletten (für gewöhnlich etwa 3 cm dick) bestehen, nicht aus den dünneren Brettern der Paletten (für gewöhnlich etwa 2 cm dick).

(#4) Den oberen und den seitlichen Rahmen zu einer Kiste verbinden und dabei Terrassenschrauben (6,5 cm) in die vorgebohrten Löcher schrauben. Die horizontalen Teile des Rahmens sollten ungefähr 2,5–3,5 cm überstehen, damit mehr Spielraum für die variierenden Breiten der Palettenbretter gegeben ist.

(#5) Die Rahmen mit den Querstreben verbinden, um den Unterbau des Tischs fertigzustellen. Die Querstreben sollten über den seitlichen Rahmen gleich weit überstehen wie die Bretter des Rahmens.

(#6) Die Bretter für die Tischplatte, falls notwendig, grob zuschneiden und sie auf den Unterbau montieren. Basteln Sie so lange, bis Sie die beste Form gefunden haben, dann an den Kanten miteinander verleimen und mit Zwingen festklemmen. Hilfsbretter aus überschüssigem Holz oben mit einklemmen (Zulage), damit das verleimte Stück beim Trocknen gerade bleibt.

(#7) Wenn der Leim getrocknet ist, die Zulagen entfernen und die Latten der Tischplatte mit Stauchkopfnägeln (4 cm) oben am Rahmen montieren. Die Nagelköpfe mit einem Nageltreiber unter die Holzoberfläche eintreiben.

(#8) Mit Führungsschiene und Kreissäge die unterschiedlich langen Bretter des Tisches auf dieselbe Länge sägen, sodass alle Überstände gleich sind. Weitere Bretter für das Regal darunter montieren, dabei die Bretter zuerst zuschneiden und dann an die Querstreben nageln oder schrauben. Falls Sie das Werkstück streichen möchten, ist Lack wohl Ihre beste Option. Palettenholz muss für gewöhnlich nicht behandelt werden und es weiter ergrauen zu lassen, verleiht ihm seinen rustikalen Charme.

13

RUSTIKALER ESSTISCH

Der beliebte Bauerntisch – umfunktioniert für das Essen im Freien

Essen im Freien kann ein alltägliches Gericht in ein außergewöhnliches Esserlebnis verwandeln. Das Ambiente, das die Natur bietet, steigert diese Erfahrung erheblich (außer es regnet oder es ist mitten im Winter, versteht sich). Diesem Tisch liegt der klassische Bauerntisch zugrunde. Die robusten Steher mit Ausnehmungen tragen eine rustikale Tischplatte aus Brettern (4 x 14 cm). Ein Querbalken stabilisiert die Beine. Eine amüsante Besonderheit des Tischs ist ein optionaler Behälter, der unter der Mitte des Tischs versteckt ist und gut getarnt Stauraum bietet. In ihm können auch eiskalte Erfrischungen bereitgestellt werden. Er kann aber auch als Gefäß für frische Kräuter, Blumen oder Kerzen dienen.

Wer den Behälter nicht benötigt, kann darüber nachdenken, ein Loch zu bohren, um den Ständer eines Sonnenschirms unterzubringen. Streichen Sie die Tischplatte mit Bootslack oder flüssigem Epoxidharz, damit sie lange Zeit gut aussieht und Fleckenbildung vorgebeugt wird.

ANMERKUNG: Die Bauanleitung für die auf der vorigen Seite abgebildeten rustikalen Bänke finden Sie auf Seite 95.

RUSTIKALER ESSTISCH

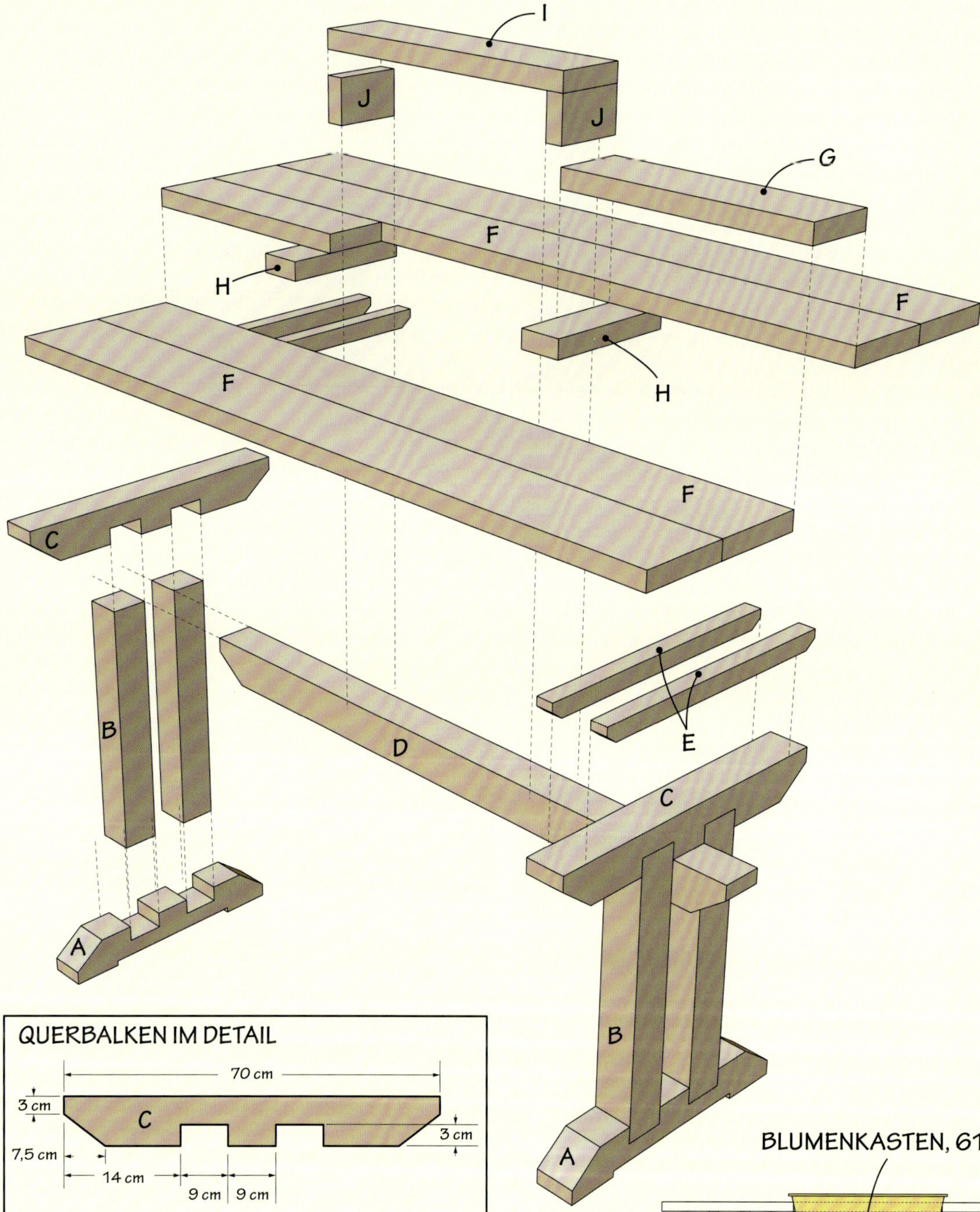

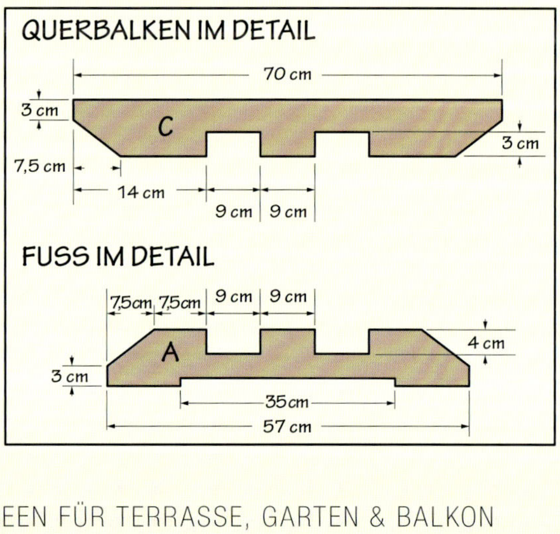

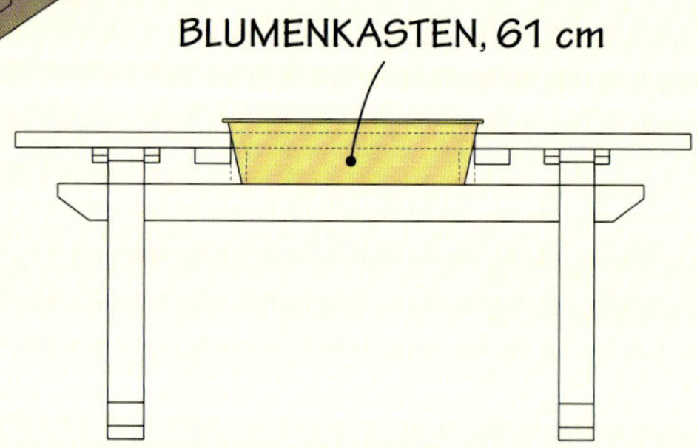

Zuschnittliste

Legende	Menge	Beschreibung	Maße
A	2	Füße	9 x 9 x 57 cm
B	4	Beine	9 x 9 x 62 cm
C	2	Querbalken oben	9 x 9 x 70 cm
D	1	Längsbalken	9 x 9 x 150 cm
E	4	Stützleisten	4 x 4 x 75 cm
F	4	Tischbretter	4 x 17 x 180 cm
G	2	Tischbretter (Mitte)	4 x 12 x 60 cm
H	2	Leisten (Mitte)	4 x 9 x 20 cm
I	1	Abdeckung (Mitte)	4 x 12 x 60 cm
J	2	Beine der Abdeckung (Mitte)	4 x 12 x 9 cm

Materialliste

Menge	Beschreibung
(Zeder, Lärche oder Kiefer)	
3	9 x 9 x 250 cm
4	4 x 17 x 250 cm
1	4 x 12 x 250 cm
1	4 x 9 x 250 cm
2	4 x 4 x 250 cm
	Terrassenschrauben, 10 cm
	Terrassenschrauben, 6,5 cm
	Holzschrauben, 15 cm
	Blumenkasten, 60 cm

Werkzeug	
Bohrer/Schrauber	Führungsschiene
Maßband	Wasserwaage
Winkelmaß	Zwingen
Kreissäge	Stemmeisen

Bauanleitung Rustikaler Esstisch

1

(#1) Die Füße und die oberen Querbalken aus dem Kantholz (9 x 9 cm) zuschneiden (wir haben Zedernholz verwendet). 30°-Profile in die Enden sägen und Ausnehmungen einschneiden, damit die Werkstücke die Beine aufnehmen können (siehe Illustrationen für Fuß und Strebe im Detail auf Seite 92 für Details und Maße). Dazu die Kreissäge auf eine Schnitttiefe von 4 cm einstellen und damit möglichst viel überschüssiges Material dort, wo die Ausnehmung entstehen soll, entfernen. Achten Sie darauf, saubere, exakte Schnitte an den Seitenrändern zu sägen. Die Holzreste mit einem Stemmeisen entfernen und damit auch die horizontalen Kanten der Ausnehmungen glätten.

2

(#2) Die Beine ablängen und so positionieren, dass die oberen Enden in die Ausnehmungen der Querstreben und die unteren Enden in die der Füße passen. Achten Sie darauf, dass alles im rechten Winkel ist und schrauben Sie die Teile dann mit Schrauben für den Außenbereich (10 cm) zusammen.

3

4

5

6

(#3) Den Längsbalken zuschneiden und an Enden und Unterseite schräge Profile sägen. Die Tischbeinkonstruktion auf den Kopf stellen, dann den Längsbalken in der richtigen Ausrichtung und mit gleichem Überstand auf beiden Seiten zwischen die Konstruktionen positionieren. Den Längsbalken an den Unterseiten der Querbalken mit Holzschrauben (15 cm) festschrauben.

(#4) Die Tischplatte aus zwei Paar Brettern (4 x 17 cm) bilden. Das Brett in der Mitte (4 x 12 cm) kann in der Mitte geteilt werden, damit ein Gefäß als spaßige Zusatzfunktion hineingesenkt werden kann. Die Bretter für die Tischplatte mit den beiden mittleren Brettern bündig auf eine glatte Oberfläche legen und eine 60 cm lange Öffnung in der Mitte des Tisches lassen. Die Bretter miteinander verleimen und mit Zwingen zusammenklemmen. Die Beinkonstruktion darauf legen und ausrichten. Die Leisten zuschneiden, vorbohren und an die Bretter der Tischplatte und die Querbalken schrauben (siehe Foto im Foto). Vergewissern Sie sich, dass die Bretter flach und im rechten Winkel zum Rahmen liegen.

(#5) Die mittleren Leisten anbringen, um die inneren Enden der mittleren Bretter zu fixieren. Dann an den Enden der Öffnung in der Tischplatte die mittlere Abdeckung montieren (siehe Illustration auf Seite 92). Die beiden Beine (Stützen) an jedem Ende unten an der Abdeckung anbringen.

(#6) Den Tisch umdrehen und überprüfen, ob alle Teile rechtwinkelig und waagrecht sind. Eventuell müssen Sie die Enden der Bretter der Tischplatte zuschneiden, um ein sauberes Ergebnis zu erhalten. Schleifen und mit Lack für den Außenbereich streichen.

14

RUSTIKALE BANK

Diese urige Bank ist als Ergänzung für den rustikalen Esstisch gedacht; es gibt aber keinen Grund, der dagegen spricht, sie auch allein zu nutzen.

Diese Bank wurde passend zum Esstisch (Seite 90) entworfen, aber sie ist auch allein eine ideale zusätzliche Sitzgelegenheit. Ihre einfache Bauweise ist robust und weist das gleiche klassische Stützbock-Design auf wie der Esstisch. Ihre Maße lassen sich leicht abändern, sodass sie zu einer kleineren, handlicheren Bank wird, die mehr für den Alltagsgebrauch geeignet ist.

ANMERKUNG: Bevor Sie allein diese Bank bauen, ist es sinnvoll, sich die Bauweise des Esstisches auf den Seiten 90–94 zu vergegenwärtigen; die Konstruktionstechniken sind sehr ähnlich.

RUSTIKALE BANK

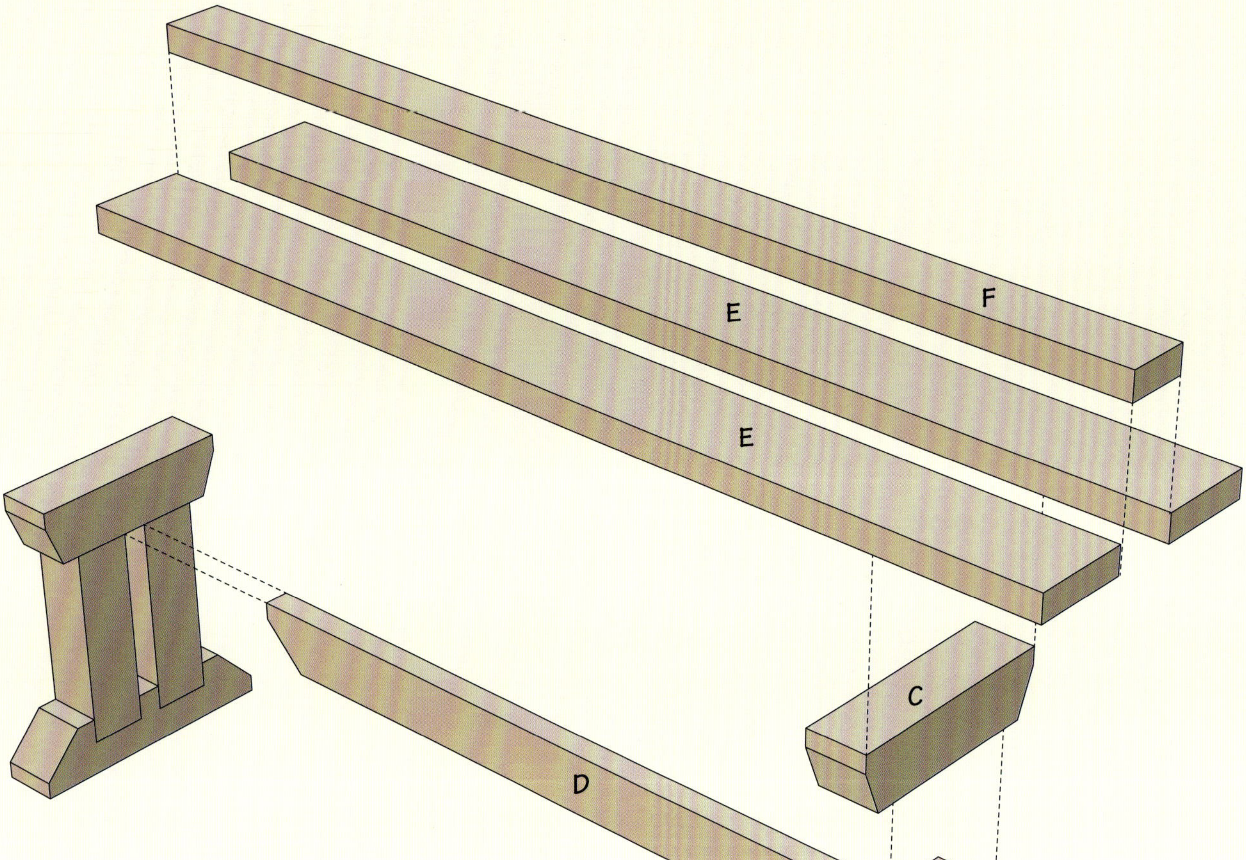

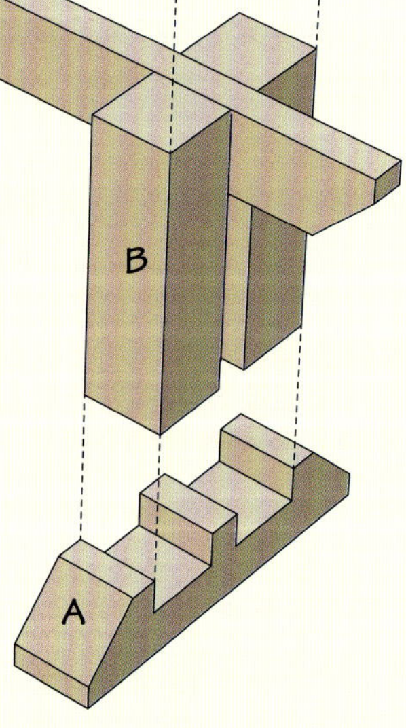

AUFBAU IM DETAIL

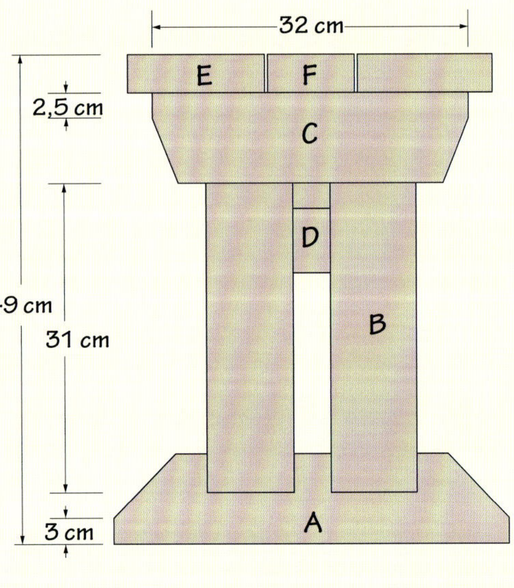

Zuschnittliste (für eine Bank)

Legende	Menge	Beschreibung	Maße
A	2	Füße	9 x 9 x 40 cm
B	4	Beine	9 x 9 x 31 cm
C	2	Querbalken	9 x 9 x 32 cm
D	1	Längsbalken	4 x 9 x 140 cm
E	2	Bretter für die Sitzfläche (außen)	4 x 14 x 160 cm
F	1	Brett für die Sitzfläche (Mitte)	4 x 9 x 160 cm

Materialliste

Menge	Beschreibung
(Zeder oder Kiefer)	
1	9 x 9 x 300 cm
2	4 x 14 cm x 250 cm
1	4 x 9 x 300 cm
Terrassenschrauben, 6,5 cm	
Senkkopfschrauben mit kleinem Kopf, 5 cm	
Holzschrauben, 15 cm	

Werkzeug	
Bohrer/Schrauber	Kreissäge
Maßband	Zwingen
Winkelmaß	

Bauanleitung Rustikale Bank

1

2

3

4

(#1) Die Füße und die Querbalken auf die angegebene Länge aus dem Kantholz (9 x 9 cm) zuschneiden, dabei an den Enden Winkel von 45° und 22,5° sägen (siehe „Aufbau im Detail" auf der gegenüberliegenden Seite). In die Füße Ausnehmungen sägen, damit die Beine hineinpassen.

(#2) Füße, Beine und Querbalken mit Zwingen zusammenklemmen, dabei einen Holzrest zwischen die Beine legen, um den Abstand für den Balken zu erhalten und sicherzustellen, dass der Abstand der richtige ist. Vergewissern Sie sich, dass der Balken mittig ist und schrauben Sie dann 15 cm lange Schrauben von den Füßen und Querbalken in die Beine.

(#3) Die Beine der Bank umdrehen und dann den Balken an jedem Ende verdeckt mit Terrassenschrauben (6,5 cm) anschrauben. Die Schrauben von jeder Seite des Balkens einschrauben.

(#4) Die Bretter für die Sitzfläche in Position bringen und maximal 3 mm Abstand zwischen den Brettern lassen, dann mit Senkkopfschrauben mit kleinem Kopf (5 cm) zusammenschrauben.

15

GEKACHELTER BEISTELTISCH

Mit seinen umgedrehten Abschrägungen und seiner strapazierfähigen Platte mit Fliesen ist dieser kleine Tisch ebenso vielseitig wie ansehnlich.

Dieser kleine, vielseitige Tisch mit Stilelementen, die an die klassische Laube angelehnt sind, ist die perfekte Lösung, wenn ein bisschen Extraplatz zum Bewirten notwendig ist. Er kann als Ort zur Einnahme von Erfrischungen oder für eine Brotzeit dienen oder auch als Abstellmöglichkeit beim Grillen, wenn Sie einen Ort brauchen, an dem Sie das Essen aufbewahren können. Die Tischplatte mit Keramikfliesen widersteht sowohl heißen als auch kalten Gegenständen und ist wasserbeständig. Für die Tischplatte können alternative Materialien verwendet werden, wie etwa Metall, Naturstein oder Holzbretter.

Die sich nach oben verjüngenden Beine verleihen dem Tisch gleichzeitig eine elegante Linie und Standfestigkeit. Durch die Verwendung von Sacklochverschraubungen sind alle Verbindungen versteckt. Sie können die Maße des Tisches anpassen und Extras wie einen Handtuchhalter, Flaschenöffner und Werkzeughaken anbringen. Wer sich dazu entschließt, eine größere Version zu bauen, sollte an die Möglichkeit denken, Rollen zu verwenden, um den Tisch leichter bewegen zu können. Dies ist ein ideales Projekt, um übriggebliebenes Material aufzubrauchen. Es erfordert geringe Mengen Holz und nur ein paar Fliesen – ein Projekt, das leicht an einem Wochenende realisiert werden kann.

Das Zuschneiden der spitz zulaufenden Beine kann am leichtesten mit einer Tischkreissäge erledigt werden, aber Sie können die Schnitte auch mit einer Handkreissäge und einer entsprechenden Führungsschiene durchführen. Wenn Sie eine Schiene verwenden, werden Ihre Gehrungsschnitte exakter. Sie können eine fertige Schiene benutzen, aber eine selbst gemachte Schiene ist leicht hergestellt. Die Diagramme auf Seite 101 zeigen einfache Führungsschiene sowohl für Tisch- als auch Kreissägen.

BEISTELLTISCH

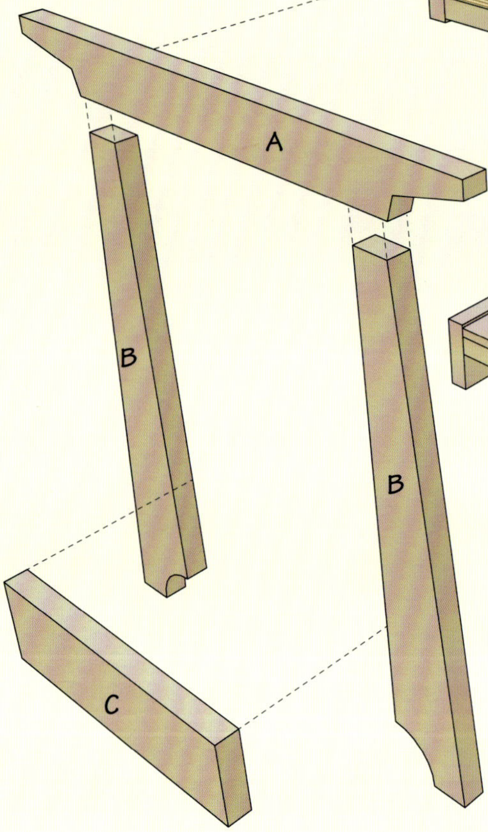
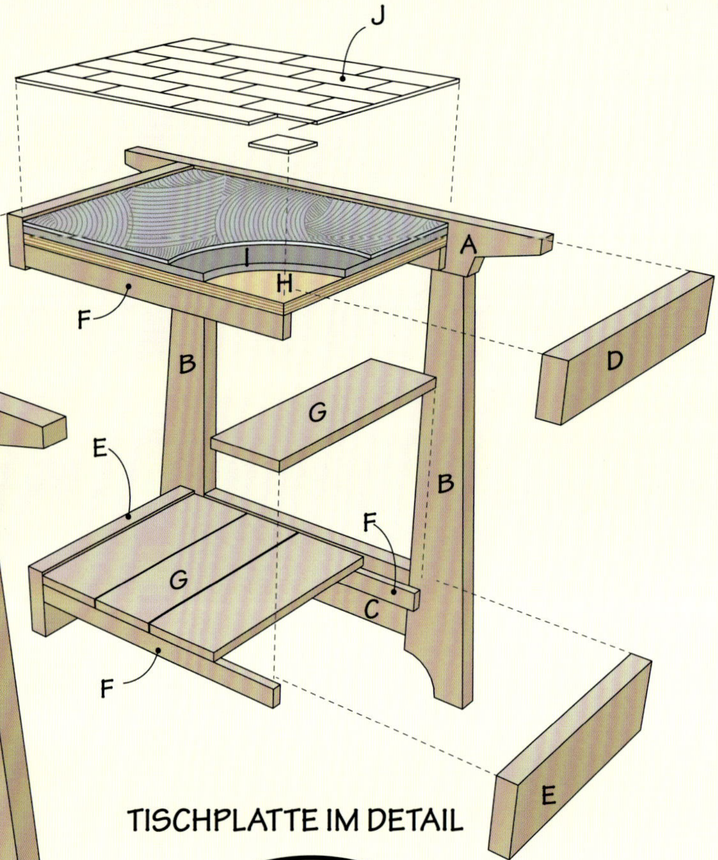

TISCHPLATTE IM DETAIL

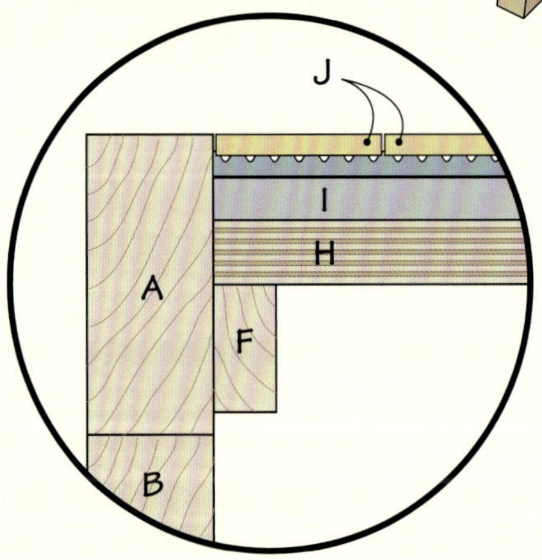

RASTERMUSTER

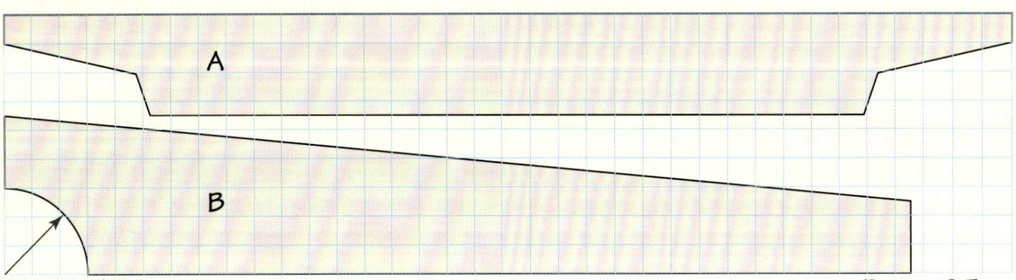

RADIUS: 7,5 cm

Raster: 2,5 cm

Zuschnittliste

Legende	Menge	Beschreibung	Maße
A	2	Bretter oben (vorne/hinten)	4 x 9 x 82 cm
B	4	Beine	4 x 14 x 91 cm
C	2	Bretter unten (vorne/hinten)	4 x 14 x 50 cm
D	2	Querstreben oben (links/rechts)	4 x 9 x 46 cm
E	2	Querstreben unten (links/rechts)	4 x 14 x 46 cm
F	4	Halterung Tischplatte/Fachboden	2 x 4 x 53 cm
G	4	Fachbodenbretter	2 x 14 x 46 cm
H	1	Unterlage Tischplatte	2 x 46 x 53 cm
I	1	Zementplatte	1,5 x 46 x 53 cm
J	21	Metrofliesen*	1 x 7,5 x 15 cm (0,25 m²)

* Art und Größe der Fliese können die erforderte Menge ändern.

Materialliste

Menge	Beschreibung
(Zeder oder Kiefer)	
3	4 x 14 x 250 cm
2	4 x 9 x 250 cm
1	2 x 4 x 250 cm
1	Sperrholz für den Außenbereich, 2 x 60 x 60
1	Zementplatte für den Außenbereich (alternativ: selbst hergestellt), 1,5 x 60 x 60
	Schrauben für Außenbereich oder Sacklochverbindungen, 6,5 cm
	Schrauben für den Außenbereich, 4 und 5 cm
	Zementplattenschrauben, 3 cm
	Fliesenkleber für den Außengebrauch, 1,6–2,2 kg
	Fugenmasse, 1 kg
	Fliesen, 0,25 m²

Werkzeug		
Bohrer/Schrauber	Maßband	Winkelmaß
Kreissäge	Zwingen	Stichsäge
Zahnkelle	Stanleymesser	

Führungsschiene

Führungsschienen vereinfachen das Gestalten eleganter Tischbeine (oder anderer, spitz zulaufender Schnitte). Sie können sich eine aus Holzresten bauen. Es gibt verschiedene Macharten. Das Diagramm unten zeigt eine einfache, leicht zu bauende Version, die für die Verwendung einer Tischsäge gedacht ist. Für eine Kreissäge ist alles, was Sie brauchen, eine Führungsschiene, aber eine Einspannvorrichtung kann ebenso hilfreich sein, wenn Sie Handwerkzeug verwenden. Die gezeigte Kreissägenführung ist einfach ein Rahmen, der das Werkstück an seinem Platz hält, während die Führungsschiene der Säge mehr Stabilität während des Schneidens verleiht.

FÜHRUNGSSCHIENE TISCHSÄGE

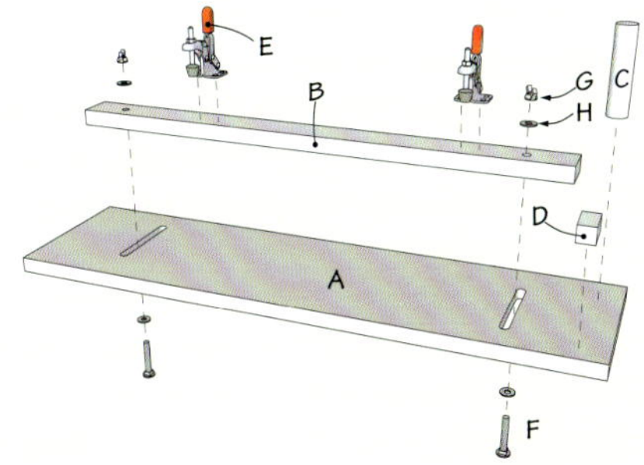

A BODENPLATTE
B FÜHRUNG
C SCHIEBEGRIFF
D STOPPER
E VERTIKALE ZWINGE ZUM FESTKLEMMEN
F SCHLOSSSCHRAUBE
G FLÜGELMUTTER
H BEILAGSCHEIBE

FÜHRUNGSSCHIENE KREISSÄGE

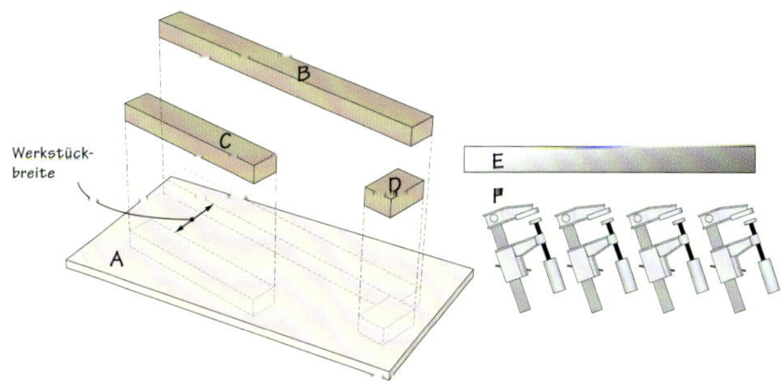

A BODENPLATTE
B FÜHRUNG OBEN
C FÜHRUNG UNTEN
D BEGRENZUNG
E SEITENFÜHRUNG
F ZWINGEN

Bauanleitung Gekachelter Beistelltisch

1

2

3

4

(#1) Beginnen Sie, indem Sie die vier Beine aus den Zedernholzbrettern (4 x 14 cm) zuschneiden. Die Beine werden von 13,5 cm unten zu 6,5 cm oben verjüngt. Die Maße markieren und die Bretter längs zuschneiden. Dies erfolgt am besten mit einer Kreissäge und einer Führungsschiene (siehe vorige Seite).

(#2) Die zugeschnittenen Enden der Beine zurechtlegen. Messen und markieren Sie zuerst 7,5 cm oben und an der Innenseite der vier Beine. Keinen Zirkel zur Hand? Eine Rolle Klebeband oder ein Plastikbecher eignen sich als Schablone, um den Bogen zu zeichnen (Foto im Foto).

(#3) Mit einer Stichsäge langsam und vorsichtig die Bögen in die Beine sägen. Eventuelle Unebenheiten schleifen.

(#4) Die oberen Bretter ablängen, dann auflegen und die dekorativen Enden mit einer Hand- oder Stichsäge ausarbeiten. Die gesägten Kanten glatt schmirgeln. Die Details im Raster auf Seite 100 als Orientierung zum Anlegen dieser Schnitte nachschlagen.

OPTION: Eine Kreissäge verwenden, um einen besonders geraden Profilschnitt am Ende der Bretter zu bekommen. Den Schnitt etwa 2,5 cm vor dem Ende beenden, um nicht darüber hinauszuschneiden, und ihn mit einer Handsäge fertigstellen.

5

6

7

(#5) Wir haben oft in diesem Projekt Sacklochverbindungen verwendet, aber wenn Sie keine Schablone und keine Bohreraufsätze für diese Verbindungen haben (siehe Seite 15), gibt es andere Verbindungen, die Sie verwenden können, etwa Dübelverbindungen, Nutverbindungen oder sogar Blindeckverschraubungungen der stumpfen Verbindungen, um sie zu verstärken. Um Sacklochverbindungen zu machen, zuerst mithilfe der Bohrschablone für Sacklochbohrungen Sacklöcher innen in das obere Ende eines jeden Beins bohren.

(#6) Die beiden unteren Bretter (mit den Maßen 4 x 14 cm) zuschneiden. Innen an jedem Ende der Bretter drei Sacklöcher vorbohren.

(#7) Verbinden Sie die Beine mit den unteren Brettern mit Schrauben für Sacklochverbindungen (6,5 cm) (anstelle selbstschneidender Schrauben für Sacklochverbindungen können Sie Holzschrauben für den Außenbereich wie hier gezeigt verwenden).

8

9

10

11

(#8) Verwenden Sie Zwingen, um die Teile zusammenzuhalten und bringen Sie dann die Beine am oberen Brett an. Vergewissern Sie sich, dass die Beine im rechten Winkel zum oberen Brett stehen. Mit Schrauben (6,5 cm) verschrauben. Für den zweiten Rahmen wiederholen.

(#9) Die oberen und unteren Querstreben aus den Brettern (4 x 9 cm bzw. 4 x 14 cm) zuschneiden. Sacklöcher in jedes Ende der Querstreben bohren. Zwei Löcher in die 4-x-9-cm-Bretter und drei Löcher in die 4-x-14-cm-Bretter bohren. Die untere Querstrebe mit 6,5 cm langen Schrauben an einem der Rahmen anbringen. Sowohl die linke als auch die rechte untere Querstrebe montieren.

(#10) Den teilweise zusammengebauten Rahmen umdrehen und auf den anderen Rahmen stellen. Zwingen oder Holzreste verwenden, um den Oberteil zu unterstützen. Die unteren Querstreben an den zweiten Rahmen schrauben.

(#11) Die Konstruktion aufrecht hinstellen und mit Schrauben für Sacklochverbindungen (6,5 cm) die Querstreben an die Bretter schrauben. Nur eine Schraube pro Verbindung einschrauben.

12

14

(#12) Die rechten Winkel überprüfen, indem Sie die Diagonalen des oberen Rahmens abmessen. Wenn die Maße nicht gleich sind, wie benötigt anpassen. Ist der Oberteil rechtwinkelig, die restlichen Schrauben einschrauben.

(#13) Um die Tischplatte zu gestalten, zuerst 4 bis 5 cm von der Oberseite des Rahmens nach unten messen, um den Platz für Sperrholz, Zementplatte, Fliesenkleber und Fliesen festzulegen. Die Stärke der Fliesen bestimmt die endgültige Tiefe der Halterung der Tischplatte.

(#14) Die Leisten (F; 2 x 4 cm) an jedem Ende des Rahmens tragen die Tischplatte. Alle 7,5 bis 10 cm Löcher durch die Leisten vorbohren, dann Schrauben (4 cm) durch die Trägerleisten und in den Rahmen einschrauben.

(#15) Ein Stück Sperrholz für den Außenbereich zuschneiden (hier: 46 x 53 cm), um die Unterplatte für die geflieste Tischplatte herzustellen. Sie wird die Zementplatte, den Fliesenkleber und die Fliesen tragen.

13

15

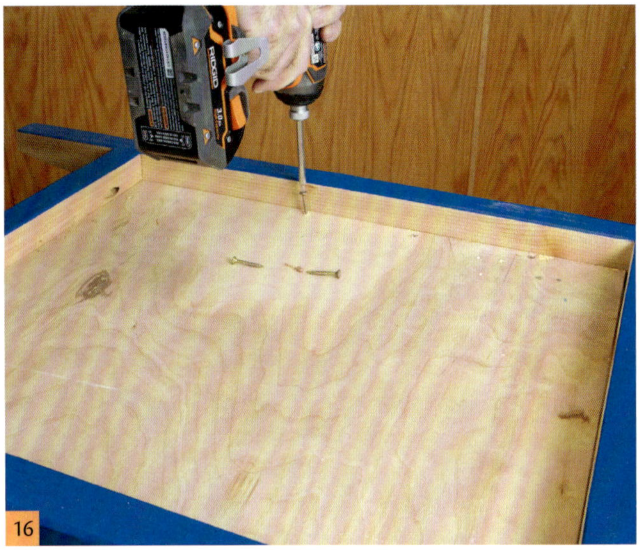
16

17

18

19

(#16) Die Sperrholzplatte oben in den Rahmen legen und mit Schrauben (4 cm) durch das Sperrholz und in die Träger befestigen.

(#17) Mit einem Stanleymesser mit Hartmetallschneide oder einer Stichsäge mit Spezialsägeblatt zum Schneiden von Zementplatten die 1,5 cm starke Zementplatte auf ein Stück von 46 x 53 cm zuschneiden.

(#18) Die Zementplatte mit Zementplattenschrauben (3 cm) auf das Sperrholz schrauben (Sie können auch Terrassenschrauben verwenden, aber Zementplattenschrauben sind so beschaffen, dass sie ohne Vorbohren durch die dichte Zementplatte kommen).

(#19) Bevor Sie die Fliesen verlegen, legen Sie sie trocken auf, um sicherzugehen, dass Sie genügend Fliesen haben und sie auf die Tischplatte (46 x 53 cm) passen. Wenn Sie Fliesen in Standardgröße verwenden, kann es möglich sein, sie ohne Zuschneiden anzuordnen. Dann eine kleine Menge (etwa 2 l) Fliesenkleber nach Angaben des Herstellers anmischen. Mit einer Zahnkelle (6 mm) eine Schicht Fliesenkleber auf die Zementplatte streichen.

TIPP: Vor dem Fliesenverlegen den Rahmen oben mit Malerkrepp abkleben, um ihn vor Fliesenkleber- und Mörtelflecken zu schützen.

20

21

22

23

(#20) Im Gegensatz zu einem größeren Fliesenprojekt, das in der Mitte begonnen wird, beginnen Sie hier oben links und arbeiten nach unten rechts. Die meisten Fliesen haben heutzutage eingegossene Abstandshalter an allen Kanten, damit Sie einheitliche Abstände erhalten, aber wenn Ihre keine haben, verwenden Sie Fliesenkreuze an den Ecken. Wer in einem typischen, versetzt verlaufenden Verlegemuster arbeitet, wie hier gezeigt, muss ein paar Fliesen halbieren, um sie versetzt verlegen zu können (manchmal gibt es auch schon halbe Fliesen zu kaufen).

ALTERNATIVE: Anstatt kleinen Wandfliesen oder Metrofliesen könnten Sie auch eine einzige große Platte aus einer Fußbodenfliese machen. Eine einzelne Fliese mit ungefähr passendem Maß kann so zugeschnitten werden, dass sie perfekt passt und benötigt keine Fugenmasse, da ein Mörtelwulst an den Außenrändern reicht, um sie zu versiegeln.

(#21) Den Fliesenkleber einen oder zwei Tage trocknen lassen und die Fliesen dann gemäß den Anweisungen des Herstellers verfugen. Lassen Sie die Fugenmasse weitere 24 Stunden trocknen, dann polieren Sie die Oberfläche und entfernen Sie das Abdeckband.

(#22) Den Tisch vorsichtig auf die Seite legen. Um das untere Regal zu befestigen, verwenden Sie vorgebohrte Streifen (3,8 cm) als Stützen. Die Halterungen mit Schrauben (3,5 cm) an den Rahmen schrauben.

(#23) Die Schrauben verstecken, indem man die Regalbretter von unten mit Schrauben (5 cm) durch die Halter und in die Regalbretter befestigt.

16

BAR IM INDUSTRIAL-STIL

Verleihen Sie Ihrem Gästebereich im Freien mit dieser praktischen Bar ein bisschen Industrie-Chic.

Einen eigenen Platz zum Servieren von Essen und Trinken zu haben, ist eine gute Idee für jede Terrasse und jeden Balkon. Einen derartigen Platz zu bauen, ist einfach. Dieses Projekt ist ebenso funktional wie unkonventionell. Die Materialien verleihen ihm einen trendigen Industrial-Look. Die Konstruktion ist unkompliziert und der Großteil des Projekts kann mit ein bisschen Vorbereitung an einem einzigen Nachmittag fertiggestellt werden.

Die Arbeitsplatte kann aus jedem Material gebaut werden, das Sie auswählen, von Zement über Metall bis hin zu Fliesen; es sollte aber den Elementen standhalten. Die gezeigte Platte ist eine an den Kanten verleimte Kieferplatte. Seien Sie jedoch bedacht, keine zu schwere Arbeitsplatte zu verwenden, da die Konstruktion sonst leicht umkippen könnte.

Stellen Sie die Bar mit Farbe oder lustigen Aufklebern fertig oder verleihen Sie ihr ein abgenutztes Aussehen. Man kann die Wellblechplatten auch durch Bambus und Schilfrohrzaun ersetzen, um die Südsee nach Hause zu holen. Oder man setzt auf den Western-Stil und verwendet Baumstämme und Wagenräder. Ganz egal, welchen Stil Sie wählen, dieses Projekt vereint Design und Funktionalität auf Ihrer Terrasse oder Ihrem Balkon!

ANMERKUNG: Die beiden Barhocker, die Sie auf dem Foto (gegenüberliegende Seite) sehen, wurden aus verzinkten Rohren gebaut, was eine gute Ergänzung zu den Wellblechplatten darstellt. Um sie zu bauen, schlagen Sie das Kapitel „Barhocker aus verzinkten Rohren" auf den Seiten 114 ff. nach.

BAR

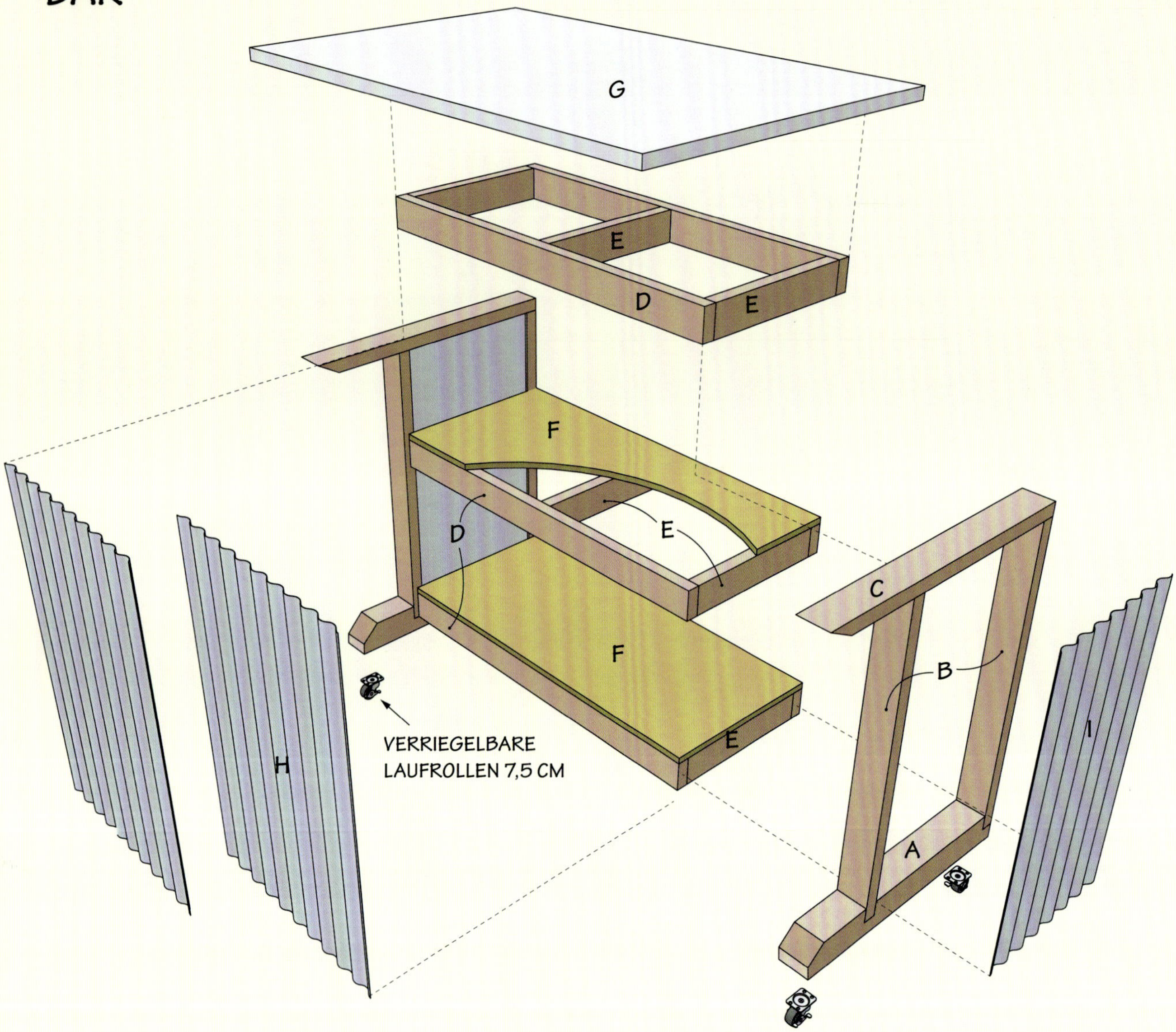

FUSS IM DETAIL (A)

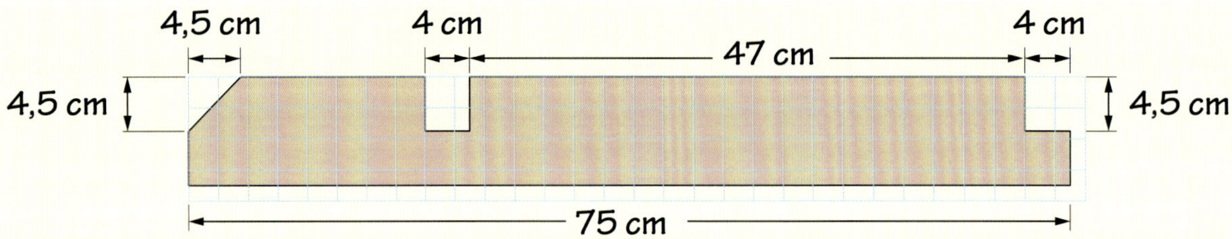

Zuschnittliste

Legende	Menge	Beschreibung	Maße
A	2	Füße	9 x 9 x 75 cm
B	4	Beine	4 x 9 x 90 cm
C	2	Halterungen für die Arbeitsplatte	4 x 9 x 71 cm
D	6	Vorder-/Rückseite Regalhalterungen	4 x 9 x 132 cm
E	9	Seiten der Regalhalterungen	4 x 9 x 45 cm
F	2	Fachböden	2 x 53 x 132 cm
G	1	Arbeitsplatte	4 x 76 x 152 cm
H	2	Wellblechplatten	2 x 66 x 94 cm
I	2	Wellblechplatten	2 x 66 x 85 cm

Materialliste

Menge	Beschreibung
(Zeder, alternativ: Lärche, Fichte, Kiefer)	
1	9 x 9 x 250 cm
7	4 x 9 x 250 cm
1	2 x 52 x 150 cm
1	Sperrholz für den Außengebrauch, 2 x 122 x 96 cm
	Leimholzplatte, 4 x 76 x 152 cm
	Wellblechplatte, 2 x 66 x 250 cm
	Terrassenschrauben, 6,5 cm
	Rostfreie Schrauben, 4 cm
4	Verriegelbare Laufrollen
	Klarlack

Werkzeug	
Blechschere	Winkelmaß
Bohrer/Schrauber	Kreissäge
Maßband	Zwingen
Ahle oder Hammer	

Bauanleitung Bar im Industrial-Stil

1

(#1) Die beiden Füße (A) aus dem Kantholz (9 x 9 cm) ablängen (wir haben Zeder verwendet). Abschrägungen von 45° in das Vorderende des Fußes sägen, um ihn leichter aussehen zu lassen und das Risiko, darüber zu stolpern, zu senken. 4,5 cm tiefe Ausnehmungen oben und an das Ende eines jeden Fußes sägen, um die Vorderseite und die hinteren Beine aufnehmen zu können (siehe Fuß im Detail, Seite 110).

TIPP: Stellen Sie einen Schleifklotz in der Größe Ihrer Ausnehmung her und schmirgeln Sie die Unterseiten, um eine saubere und ebene Verbindung zu bekommen.

(#2) Die Halterungen der Arbeitsplatte zuschneiden und vorne eine Abschrägung von 45° sägen, damit sie zu den Füßen passen. Die Beine und die Halterungen an den Füßen anbringen, um einen soliden Rahmen zu bekommen. Darauf achten, dass alle Flächen waagerecht, senkrecht und im rechten Winkel stehen.

(#3) Die Regalhalterungen (Vorderseite, Rückseite und Seitenteile) aus den Brettern (4 x 9 cm) zuschneiden. Mit Terrassenschrauben (6,5 cm) aneinander befestigen, um den Rahmen zu erhalten. Es können ein, zwei oder sogar drei Regale eingebaut werden, je nach Ihren Bedürfnissen.

(#4) Unten beginnen und den Rahmen der Regalhalterung an den Rahmen am Fuß klemmen, waage- und senkrecht ausrichten, dann die Teile mit Holzschrauben mit Senkkopf (6,5 cm) verbinden.

5

6

(#5) Die obere Regalkonstruktion anbringen und erneut senk- und waagerecht ausrichten. Die Teile mit Terrassenschrauben zusammenfügen. Etwaige zusätzliche Regalhalterungen anbringen, falls Sie zusätzliche Regale wünschen.

(#6) Die Wellblechplatten abmessen, markieren und mit einer geraden Blechschere zuschneiden. Sie können Wellblechdachplatten wie die hier gezeigten in der Dachabteilung Ihres örtlichen Baumarkts erhalten. (Oder Sie können eine andere Variante anstelle dieser Platten wählen – siehe Einleitung auf Seite 109). Schutzhandschuhe und eine Schutzbrille tragen, wenn Sie Metall schneiden und damit arbeiten.

(#7) Die Platten mit Zwingen an ihrem Platz festklemmen und mit rostfreien Schrauben (4 cm) an den Rahmen schrauben. Um sich das Einschrauben zu erleichtern, stechen Sie mit einer Ahle oder mit einem Hammer und einem kleinen Nagel kleine Löcher in das Metall vor.

(#8) Die Arbeitsplatte mit rostfreien Schrauben, die durch die oberen Halterungen geschraubt werden, befestigen. Wir haben eine verleimte Kieferplatte verwendet, die wir im Baumarkt gekauft und mit einem Klarlack für den Außenbereich gestrichen haben.

7

8

17

BARHOCKER AUS VERZINKTEN ROHREN

Man muss kein professioneller Schlosser sein, um diese originellen Outdoor-Hocker herzustellen.

Der Barhocker ist ein ergänzendes Projekt zu der „Bar im Industrial-Stil“ (Seite 108–113). Das Design aus Metall und Holz soll dieses spezielle Projekt ergänzen, aber man kann diesen Hocker auf viele andere Arten und mit anderen Tischen oder Bars verwenden. Oder man hat ihn einfach parat, um zusätzlichen Sitzplatz zu schaffen, wenn es nötig ist.

Schwarze oder verzinkte Rohre können für dieses Projekt verwendet werden, aber Acht geben – schwarze Rohre rosten schnell, wenn sie draußen gelassen werden, außer sie wurden mit einer Versiegelung und Farbe für den Außenbereich gestrichen. Verzinkte Rohre sind rostbeständiger, aber nicht ganz rostunempfindlich. Für den maximalen Schutz vor den Elementen sollten auch sie versiegelt und/oder gestrichen werden (siehe „Lackieren von verzinkten Rohren“ auf Seite 117).

Wenn Sie mit den angegebenen gängigen Maßen für die Rohre (in Baumärkten erhältlich) arbeiten, benötigen Sie kein spezielles Schlosserwerkzeug, um diese Hockergestelle zu bauen. Die Verbindungen werden mit geschraubten Rohrverbindungen gearbeitet, sodass alles, was Sie brauchen, eine oder zwei passende Rohrzangen sind, um alles gut zu verarbeiten.

HOCKER AUS ROHREN

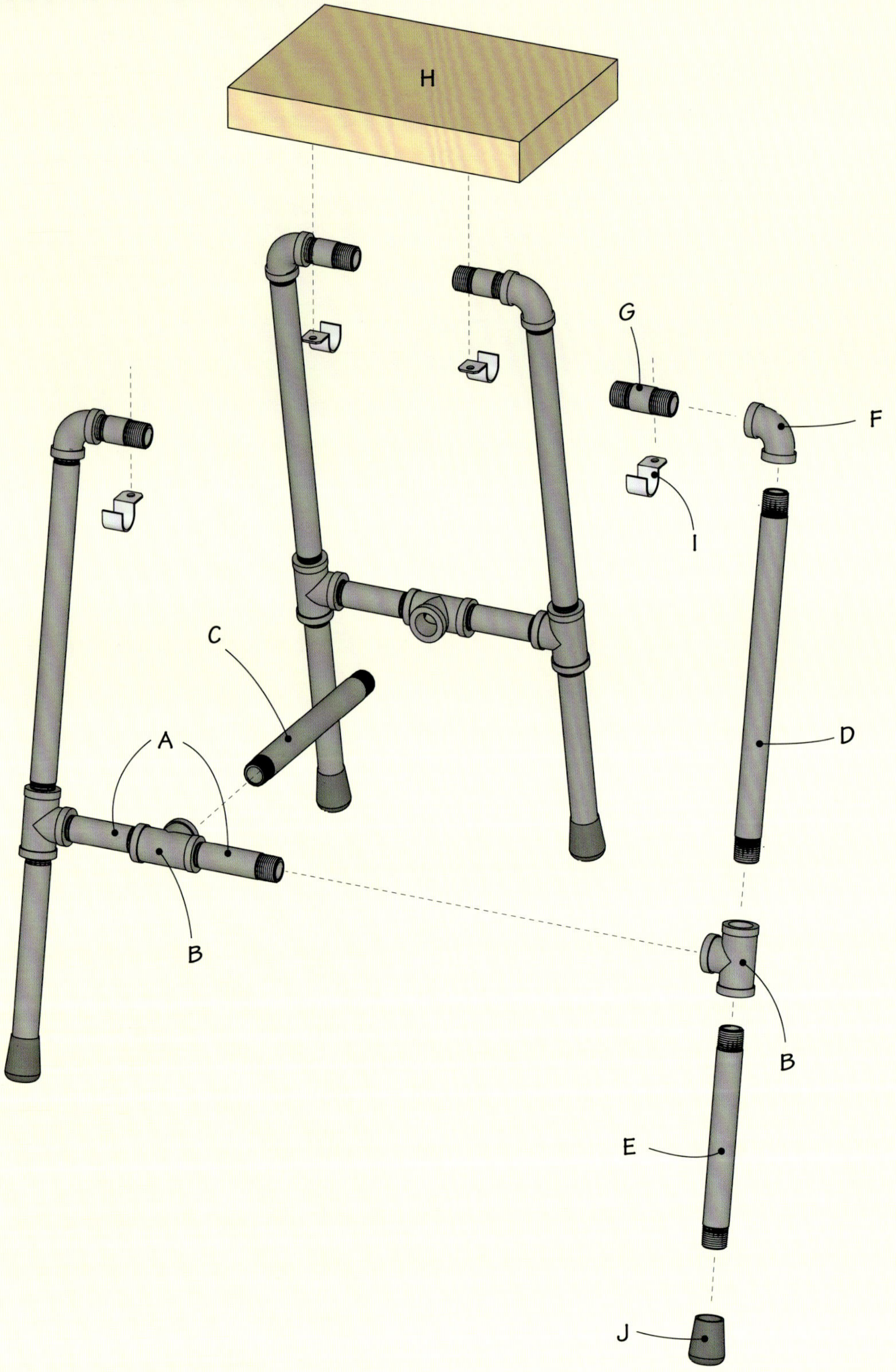

Zuschnittliste (ein Hocker)

Legende	Menge	Beschreibung	Maße
A	4	Querstreben der Beine	¾ Zoll x 12 cm
B	6	T-Verbinder	¾ Zoll
C	1	Mittlere Querstrebe	¾ Zoll x 30 cm
D	4	Oberteile der Beine	¾ Zoll x 50 cm
E	4	Unterteile der Beine	¾ Zoll x 20 cm
F	4	Knie, 90°	¾ Zoll
G	4	Sitzhalterungen	¾ Zoll x 10 cm
H	1	Sitzfläche	5 x 25 x 30 cm
I	4	Rohrklemmen	¾ Zoll
J	4	Gummifüße	

Materialliste

Menge	Beschreibung
(Alle Rohre: ¾ Zoll Durchmesser)	
4	20 cm
4	12 cm
1	30 cm
1	50 cm
6	T-Verbinder, ¾ Zoll
4	Knie, 90°, ¾ Zoll
4	Abdeckungen
	Rohrklemmen, ¾ Zoll
	Sechskantschrauben, 2,5 cm lang, Durchmesser: 5 mm
	Kiefer, Zeder oder Ahorn, 5 x 25 x 30 cm
	Dichtpaste

Werkzeug		
Rohrzangen/Gripzangen	Bohrer/Schrauber	Maßband
Winkelmaß	Kreissäge	Zwingen

Lackieren von verzinkten Rohren

Verzinkte Rohre nehmen Farbe nicht gut auf. Es mag auf den ersten Blick gut aussehen, aber letztlich versagt die Farbe und blättert vom Metall ab. Die Farbe hält besser, wenn das Metall richtig vorbereitet wird. Zunächst das Metall mit Wasser und Seife waschen, dann abtropfen und trocknen lassen. Eine schwache Ammoniak-Wasser-Lösung auftragen; diese ebenfalls trocknen lassen. Das Metall schließlich komplett abschleifen. Tragen Sie beim Abschleifen von verzinktem Metall Schutzkleidung einschließlich einer der EU-Norm entsprechenden Atemschutzmaske, denn die Zinkschicht kann gefährliche Dämpfe und Partikel absondern. Die Oberfläche mit einem Staubfängertuch sauberwischen. Oben beginnen und eine Metallgrundierung aufsprühen. Dann mit Metalllack streichen und dabei den Anweisungen des Herstellers folgen. Das Auftragen mehrerer dünner Schichten führt zu einer widerstandsfähigeren, qualitativ höherwertigen Lackierung als ein oder zwei dicke Schichten.

Dieser Hocker wurde so entworfen, dass er aus verzinkten Gewinderohren in Standardlängen gebaut werden kann. Wenn Sie also dieser Bauanleitung folgen (und Ihr örtlicher Baumarkt ein gutes Sortiment an Gewinderohren, Nippeln und Muffen hat), sollte es Ihnen gelingen, ohne das Zuschneiden von Rohren auszukommen. Legen Sie alle Teile inklusive der Rohre und Verbinder gemeinsam mit zwei Rohrzangen zurecht. Ein Schraubstock kann als zweites Händepaar dienen und erleichtert das Zusammenschrauben der einzelnen Teile.

Bauanleitung Barhocker aus verzinkten Rohren

1

2

3

4

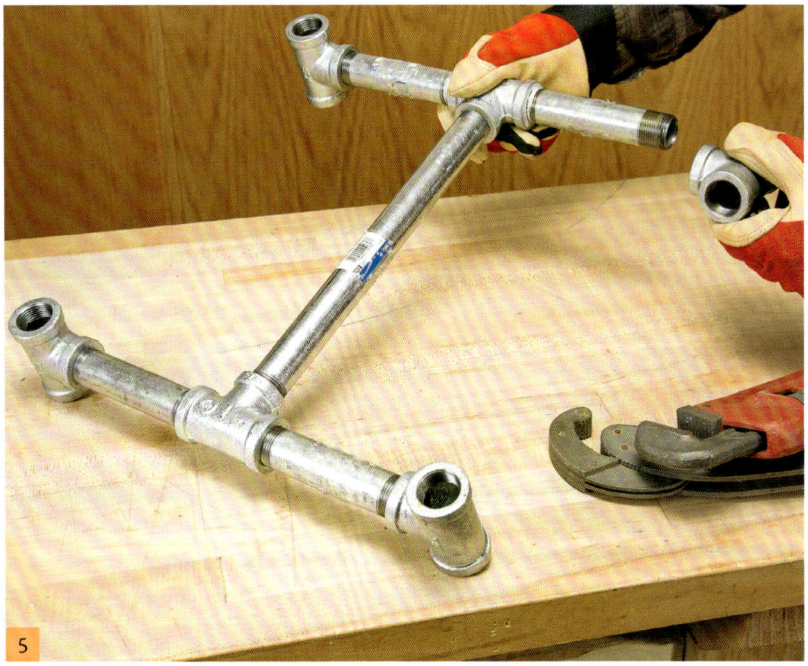

5

(#1) Obwohl nicht zwingend Dichtpaste verwendet werden muss, geht Ihnen das feste Zusammendrehen der Gewinde vielleicht leichter von der Hand, da es Hauptzweck der Paste ist, die Verbindungen zu schmieren, und nicht, sie zu verschließen. Außerdem erleichtert sie das Auseinanderschrauben der Rohre, falls sie einmal auseinandergebaut werden müssen.

(#2) Beginnen Sie mit dem Zusammenbau vom Inneren der Arbeit nach außen. Die Querstreben der Beine in die gegenüberliegenden Enden des T-Verbinders schrauben.

(#3) Messen Sie die Querstreben der Beine auf jeder Seite ab, vergewissern Sie sich, dass sie gleich lang sind und wiederholen Sie den Vorgang für die zweite Querstrebenkonstruktion der Beine.

(#4) Die mittlere Querstrebe in jede der Querstreben der Beine in die Mitte der T-Verbinder schrauben.

(#5) Die vier T-Verbinder außen an die Enden der Querstreben der Beine schrauben.

6

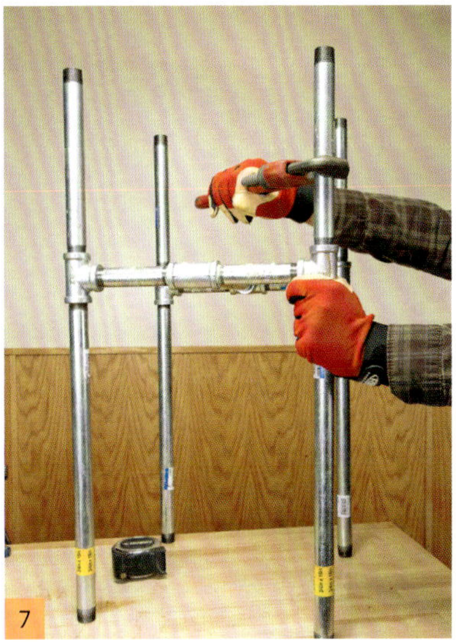
7

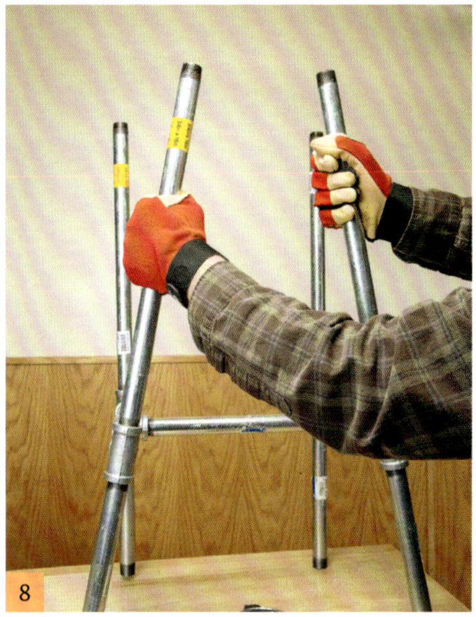
8

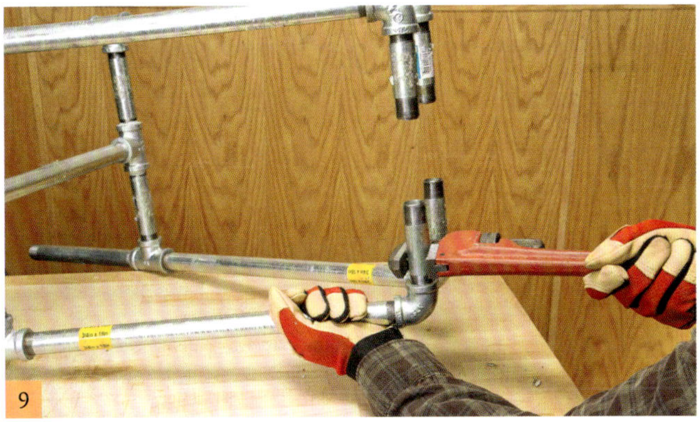
9

10

11

(#6) Bringen Sie die vier oberen Beinabschnitte in die vier T-Verbinder.

(#7) Die Konstruktion auf den Kopf stellen und dann die vier Beinabschnitte an die unteren Enden der T-Verbinder schrauben.

(#8) Vorsichtig die gegenüberliegenden Seitenteile zueinanderziehen, bis die oberen Enden der Rohre noch ca. 30 cm auseinander liegen und dabei die oberen Beinabschnitte festhalten.

(#9) Die Sitzhalterungen in die vier 90°-Knie schrauben, dann die Knie in die oberen Beinabschnitte schrauben.

(#10) Die Sitzfläche aus dem Brett zuschneiden oder andere Materialien, wie etwa den hier gezeigten Rest „Butcher-Block“, wiederverwenden.

(#11) Verwenden Sie Rohrschellen (¾ Zoll), um die Sitzfläche mit Sechskantschrauben (2,5 cm) an den Rahmen zu schrauben. Sitzfläche und Gerüst des Hockers lackieren (siehe Seite 117).

18

KLAPP-STUHL MIT NIEDRIGER LEHNE

Bauen Sie ein paar dieser bequemen Stühle und lassen Sie sie einfach stehen, bis Sie sie brauchen!

Es gab eine Zeit in der Geschichte, in der der Klappstuhl ein wertvoller Besitz war, ein Statussymbol. Sie wurden für Rituale, formelle Zeremonien und wichtige Veranstaltungen schon vor Tausenden von Jahren verwendet. Heute sind sie genauso nützlich wie damals und wenn man zusätzliche Sitzplätze braucht, ist es praktisch, diese komfortablen Möbelstücke auf Lager zu haben.

Das Design des Stuhls ist bemerkenswert einfach zu bauen; er hat eine kleine Grundfläche, wenn er zusammengeklappt ist. Die Stühle können an die Wand gehängt oder waagerecht gestapelt werden. Die niedrige Lehne ist perfekt für formelle oder zwanglose Anlässe und die Stühle können mit jeder Holzart gebaut werden. Hier wurden Zedernbretter mit den Maßen 3 x 14 cm verwendet. Holz in größerer Stärke als das Standardmaß ist eine gute Wahl für Strapazierfähigkeit und Stabilität. Messingschrauben für ein ansprechendes Erscheinungsbild verwenden.

KLAPPSTUHL

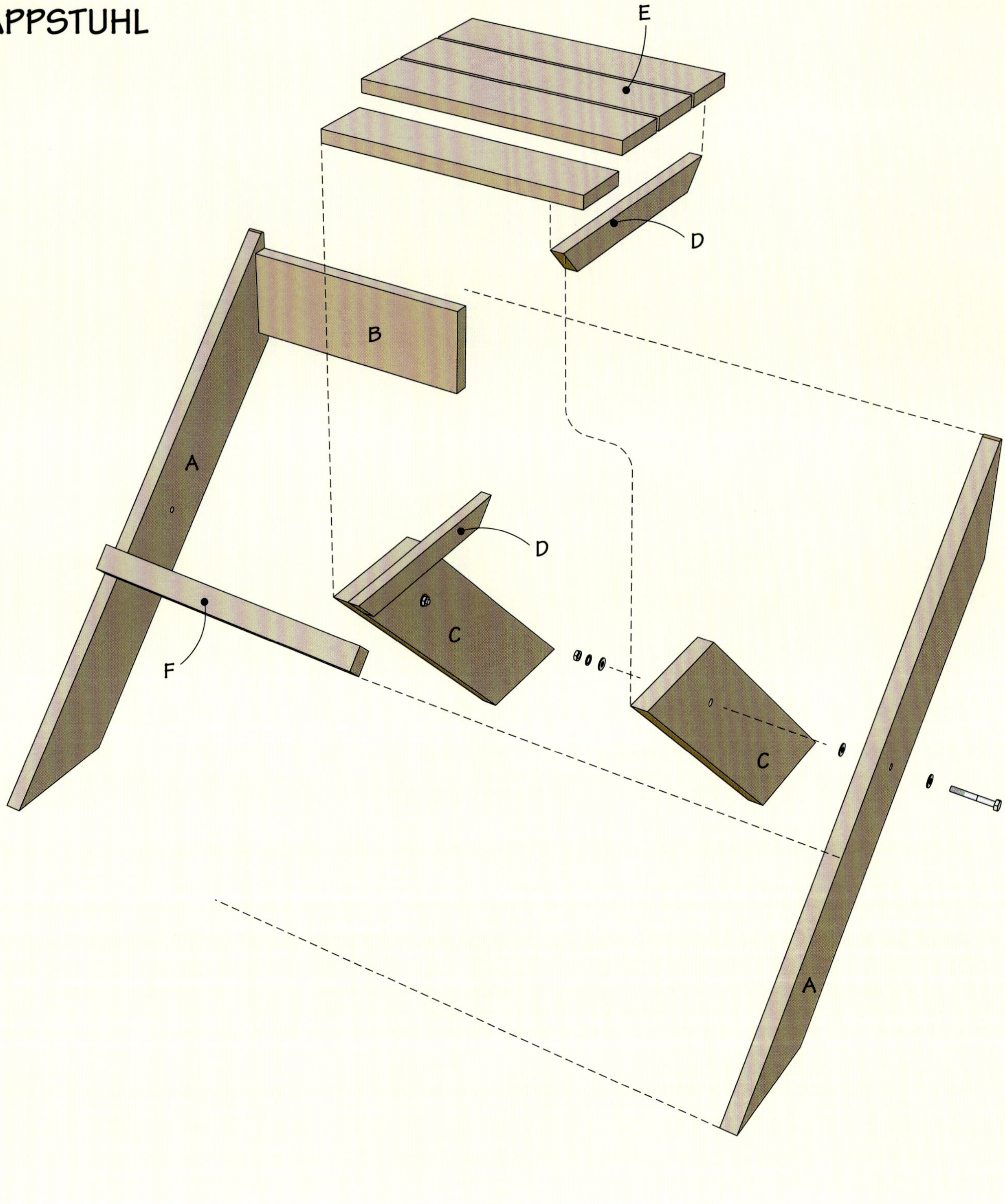

Zuschnittliste (ein Stuhl)

Legende	Menge	Beschreibung	Maße
A	2	Beine vorne	3 x 14 x 100 cm
B	1	Rückenlehne	3 x 14 x 46 cm
C	2	Beine hinten	3 x 14 x 75 cm
D	2	Halterungen für die Sitzfläche	4 x 4 x 38 cm
E	4	Bretter für die Sitzfläche	2 x 9 x 45,5 cm
F	1	Anschlag	4 x 4 x 51 cm

Materialliste

Menge	Beschreibung
(Zeder, alternativ: Fichte, Kiefer, Lärche)	
2	3 x 14 cm x 250 cm
1	4 x 4 cm x 250 cm
1	2 x 9 x 250 cm
	Messingschrauben, 4 cm
	Terrassenschrauben, 6,5 cm
2	Schlossschrauben, 0,6 x 6,5 cm
6	Beilagscheibe, 0,6 cm
2	Sicherungsscheiben, 0,6 cm
2	Muttern, 0,6 cm
	Schraubensicherung

Werkzeug	
Bohrer/Schrauber	Winkelmaß
Maßband	Zwingen
Kreissäge	verstellbarer Schraubenschlüssel
Torpedo-Wasserwaage	

MITTELPUNKT

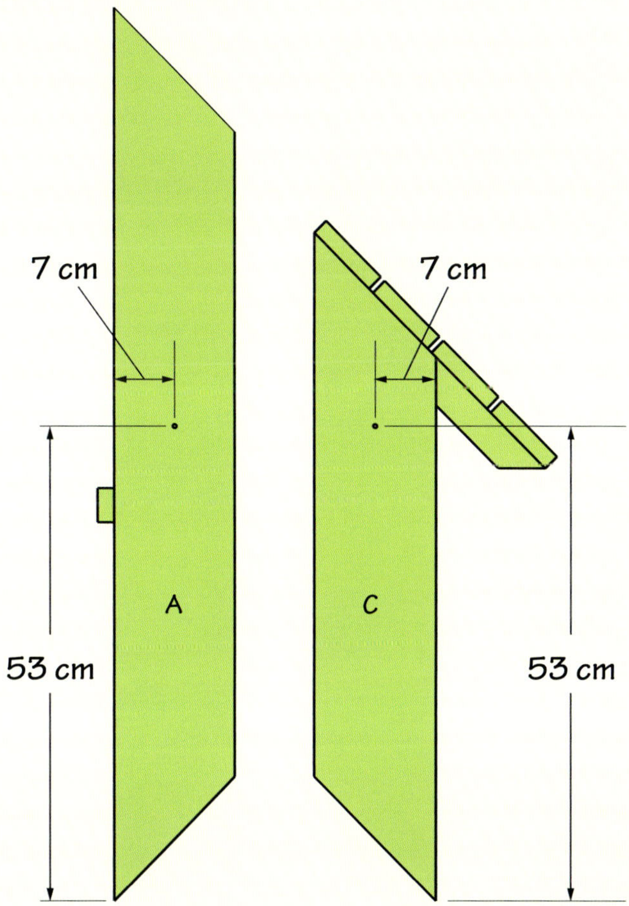

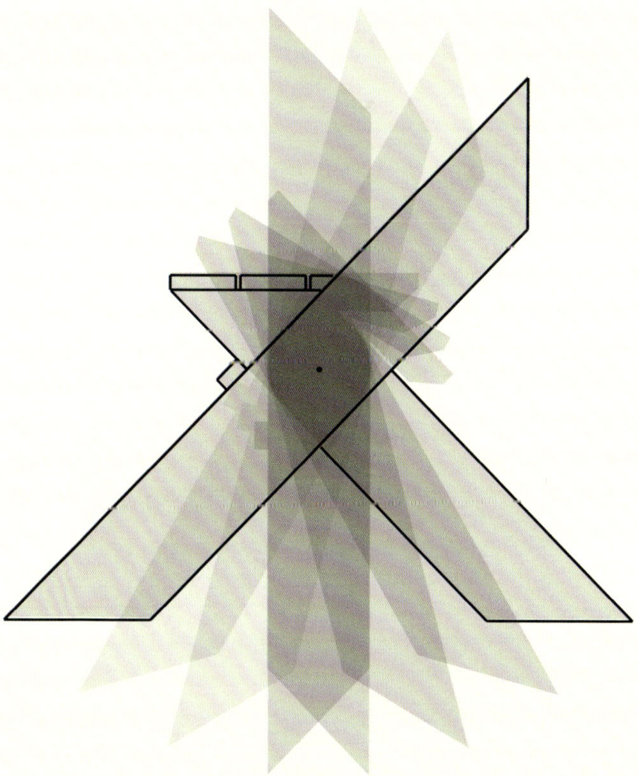

Bauanleitung Klappstuhl mit niedriger Lehne

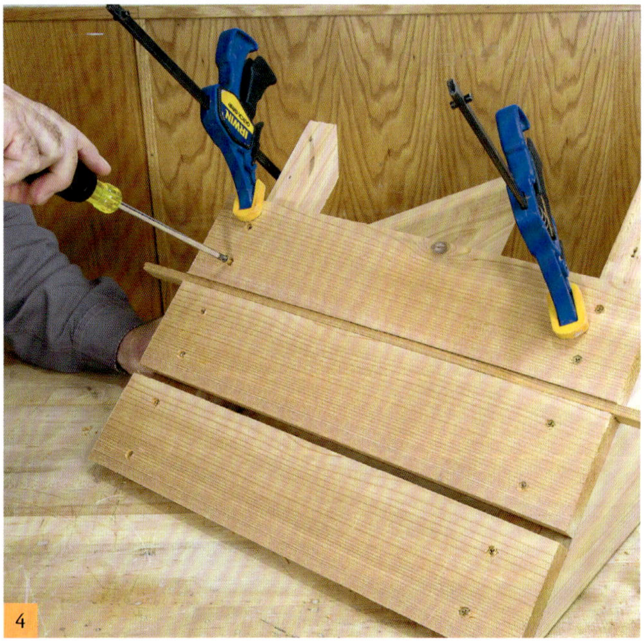

(#1) Die vorderen und hinteren Beine zuschneiden. Wir haben Terrassendielen aus Zeder mit den Maßen 3 x 14 cm verwendet. Die Enden der Bretter auf Gehrung (45°, siehe Zeichnungen für den Mittelpunkt, Seite 123) sägen.

(#2) Längen Sie die Rückenlehne ab und positionieren Sie sie zwischen den beiden vorderen Beinen. Die Bretter mit Zwingen zusammenklemmen und mit Messingschrauben (4 cm) in Vorbohrungen für Senkkopfschrauben verschrauben.

(#3) Die beiden Halterungen für die Sitzfläche aus dem Kantholz (4 x 4 cm) zuschneiden, dabei die Enden im 45°-Winkel auf Gehrung sägen. In die Unterseite einer jeden Halterung einige Löcher für Senkkopfschrauben vorbohren, die Halterungen dann mit Schrauben an den Innenseiten der hinteren Beine befestigen (6,5 cm) und darauf achten, dass die auf Gehrung gesägten Enden vorne bündig liegen.

(#4) Die Bretter für die Sitzfläche zuschneiden. Die hinteren Beine in Position bringen und die Bretter mit Abständen von ca. 5 mm an die Halterungen der Sitzfläche klemmen. Löcher für Senkkopfschrauben vorbohren und die Bretter mit Messingschrauben (4 cm) an jedem Ende an die Halterungen schrauben. Bringen Sie diese Schrauben so an, dass sie nicht auf die treffen, die Sitzflächenhalterung und Beine miteinander verbinden.

(#5) Die vorderen und die hinteren Beine mit Zwingen in geöffneter Stellung zusammenklemmen, dabei die korrekte Positionierung überprüfen. Eine Wasserwaage auf die Sitzfläche legen, um sicherzugehen, dass sie in der Waage ist. Markieren Sie die mittigen Punkte zum Bohren an den Beinen für die Schlossschraube, die in jedem Beinpaar angebracht wird, um die „Angel" (den Drehpunkt) zu bilden. Siehe Diagramm auf Seite 123.

(#6) Mit den Beinen in geschlossener Position eine kleine Schraube durch die Innenseite des hinteren Beins und in das vordere Bein schrauben, um die Konstruktion vorübergehend zusammenzuhalten. Klappen Sie den Stuhl auf und überprüfen Sie Winkel und Positionierung erneut. Diesen Vorgang, wenn nötig, wiederholen und dabei den Mittelpunkt anpassen, wenn Sie mit der Position nicht zufrieden sind.

(#7) Den Stuhl aufklappen und sicherstellen, dass die Beine gerade auf Ihrer Werkbank stehen. Die Beine zusammenklemmen. Dazu 6,5 cm lange Schrauben verwenden, um den Anschlag an den vorderen Beinen anzubringen, sodass er die hinteren Beine berührt. Falls die hinteren Beine auseinandergehen oder verzogen sind, kann zusätzlich eine Querstrebe nahe dem Boden angebracht werden.

(#8) Lassen Sie den Stuhl mit den Zwingen zusammengeklemmt, entfernen Sie die Sicherungsschrauben und bohren Sie ein 6 mm starkes Loch durch die vorderen und die hinteren Beine. Vom Äußeren der vorderen Beine nach innen bohren, damit eventuelle Absplitterungen vom Bohren nicht sichtbar werden. Führen Sie eine 6 mm starke Schlossschraube (6,5 cm) durch das Loch nach innen. Stecken Sie eine rostfreie Beilagscheibe auf das Ende der Schraube, bevor Sie diese durch das hintere Bein stecken, um einen Drehpunkt/Abstandshalter zu erhalten. Dann die Schraube durch das hintere Bein schieben und Beilagscheibe, Sicherungsscheibe und Mutter anbringen. Verwenden Sie eine Schraubensicherung wie Loctite oder ein ähnliches Produkt, damit die Mutter sich nicht mit der Zeit löst, wenn der Stuhl aufgeklappt wird. Die Mutter nicht zu fest anziehen. Schmirgeln Sie die Kanten und die oberen Ecken und streichen Sie das Werkstück wie gewünscht.

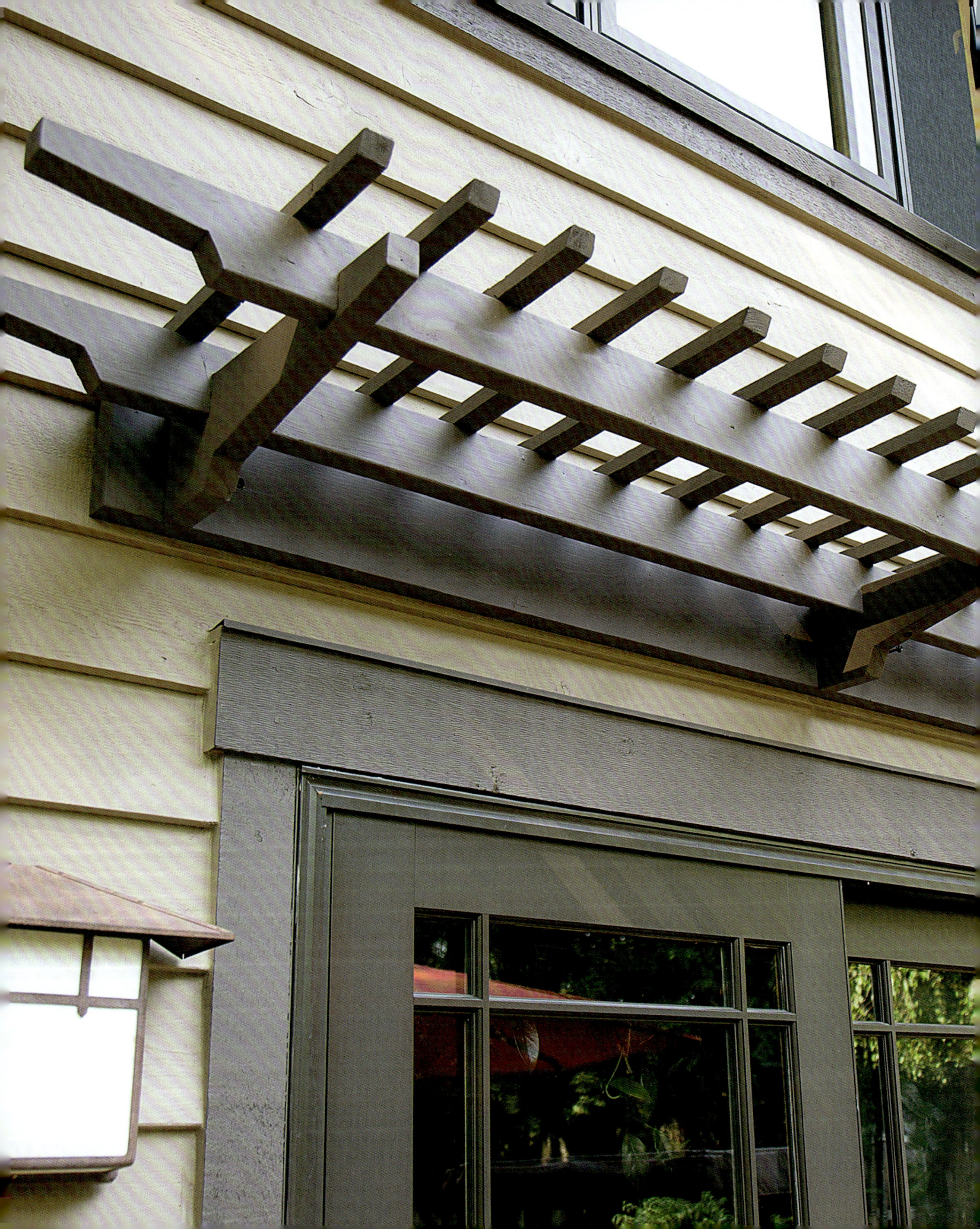

19

PERGOLA

Die ganze Schönheit und Funktionalität einer Pergola – ohne einen einzigen Quadratzentimeter Platz am Boden opfern zu müssen.

Pergolen sind großartige architektonische Akzente, die einem Zuhause Schönheit verleihen können. Das Errichten über einem Eingang hebt diesen hervor, verleiht ihm Charakter und filtert das Sonnenlicht. Das Problem ist, dass die meisten Pergolavordächer mindestens zwei Stützpfosten benötigen, was den Lebensraum Terrasse signifikant einschränken kann. Weil aber diese Pergola für die Wandmontage gedacht ist, kann sie über Ihre Terrassentür gehängt und die volle freie Fläche auf der Terrasse oder dem Balkon darunter behalten werden.

Die Maße der Überdachung können angepasst werden, um zu jeder Terrassentür zu passen, und das Projekt kann leicht an nur einem Wochenende gebaut werden. Dieses Design nutzt ineinandergefügte Sparren, sowohl für die Stabilität als auch für Stil und Widerstandsfähigkeit. Streichen Sie das Werkstück mit einer Farbe, die zu Ihrem Gebäude passt oder fügen Sie eine Kontrastfarbe hinzu, um es dynamischer zu gestalten.

Dieses Projekt kann auch angepasst werden, um über einem Garagentor oder über Fenstern zu hängen, um so lästige direkte Sonneneinstrahlung abzuhalten. Es kann auch aus Naturmaterialien oder Verbundwerkstoffen gebaut werden. Wenn Sie fertig sind, fügen Sie Leuchten oder Pflanzen hinzu oder gestalten Sie einen kunstvollen hängenden Garten.

PERGOLA

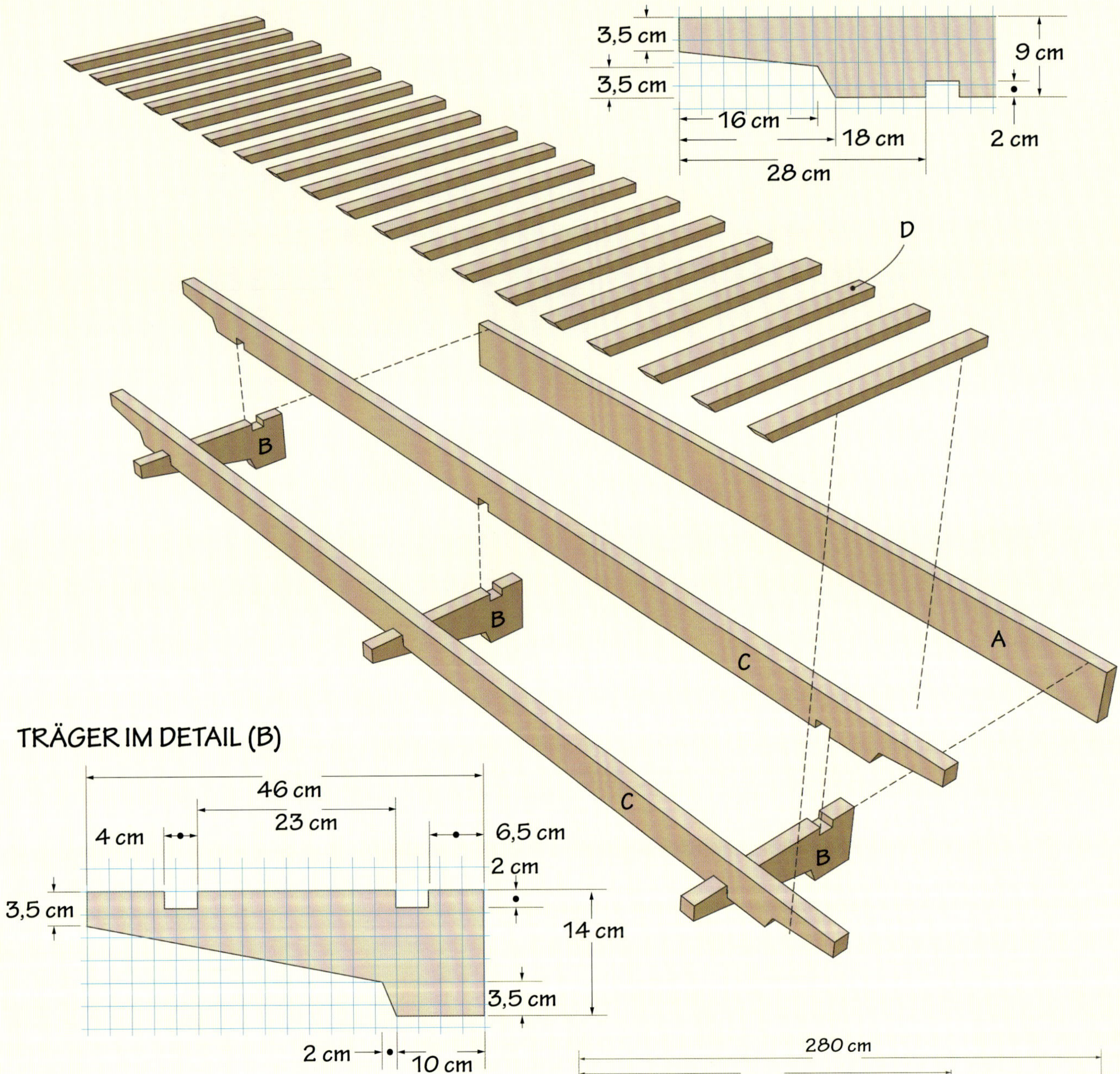

SPARRE IM DETAIL (C)

TRÄGER IM DETAIL (B)

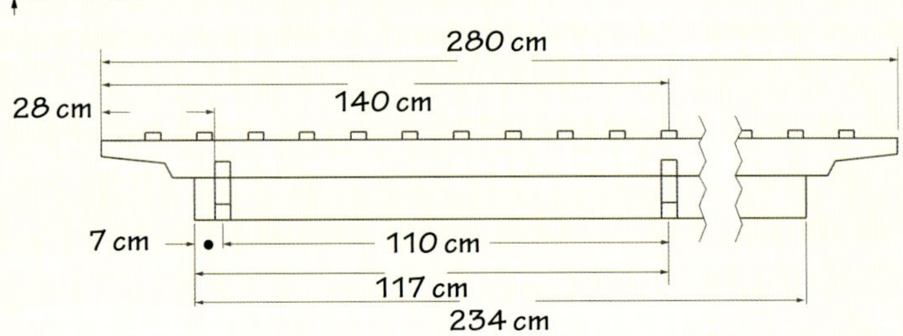

Zuschnittliste

Legende	Menge	Beschreibung	Maße
A	1	Balken	4 x 14 x 234 cm
B	3	Träger	4 x 14 x 46 cm
C	2	Pfetten	4 x 9 x 280 cm
D	19	Sparren	4 x 4 x 54 cm

Materialliste

Menge	Beschreibung
(Zeder oder Kiefer)	
2	4 x 14 cm x 250 cm
2	4 x 9 x 300 cm
5	4 x 4 cm x 250 cm
	Terrassenschrauben, 10 cm
	Terrassenschrauben, 6,5 cm
	Terrassenschrauben, 3,5 cm
	Holzschrauben, 10–15 cm
	Ölbeize oder Lack (optional)

Werkzeug	
Bohrer/Schrauber	Kreissäge
Maßband	Stemmeisen
Winkelmaß	Zwingen
Handsäge	Elektronischer Bolzensucher
Kabeldetektor	

Bauanleitung Pergola

1

2

(#1) Den Balken und die drei Träger aus dem Holz mit den Maßen 4 x 14 cm zuschneiden, dann die Träger mit Zwingen zusammennehmen und einkerben (siehe Träger im Detail auf Seite 128). Um die Kerben einzuschneiden, stellen Sie bei Ihrer Kreissäge eine Schnitttiefe von 2 cm ein und sägen Sie mehrfach über die Stelle, an der die Ausnehmung entstehen soll, um so viel überschüssiges Holz zu entfernen wie möglich. Die Ausnehmung mit einem Stemmeisen fertigstellen und die Unterseiten, wenn nötig, abschmirgeln.

(#2) Sägen Sie mit einer Kreissäge einen Zierwinkel in die Träger und stoppen Sie den Schnitt einige Zentimeter vor dem Ende. Den Schnitt mit einer Handsäge beenden und die Teile abschleifen.

(#3) Die zwei Pfetten, die über die gesamte Länge des Vordachs gehen, aus dem Holz (4 x 9 cm) zuschneiden. Sorgsam nachmessen und die Position für die drei Träger markieren. Unten in die beiden Pfetten Ausnehmungen sägen, damit sie in die der Träger passen. In jedes Ende der Pfetten dekorative Endprofile sägen und die Teile schmirgeln.

(#4) Das Vordach wird von einem Balken (4 x 14 cm) gehalten, der in die (Unter-)Konstruktion des Hauses geschraubt wird, wie ein Balken beim Bau einer Terrasse. Den Balken auf die richtige Länge zuschneiden, dann die Positionen der Träger abmessen und markieren.

(#5) Die Träger mit Zwingen an den markierten Positionen an die Balken klemmen. Schrauben Sie mindestens drei Terrassenschrauben (10 cm) durch die Rückseite des Balkens und in das Ende eines jeden Trägers, um ihn zu montieren.

6

7

8

Vorsicht vor Kabeln

Bevor Sie in eine Wand schrauben oder bohren, stellen Sie sicher, dass keine Kabel oder Wasserleitungen in dem Wandstück sind, an dem Sie arbeiten. Bei diesem Projekt ist es beinahe sicher, dass man auf Stromkabel stößt, die neben der Türöffnung in der Wand verlaufen, weil in der Regel über Terrassentüren ein oder zwei Außenleuchten angebracht sind, und sich auch ein Lichtschalter für das Innenlicht in der Nähe der Tür befindet. Mit hoher Wahrscheinlichkeit entdecken Sie auch über dem Türrahmen Kabel, vor allem, wenn Sie an jeder Seite der Tür Außenleuchten angebracht haben. Es ist eine gute Idee, einen tragbaren Kabeldetektor (ähnlich wie ein Balkenfinder) zu kaufen und die Arbeitsumgebung zu testen. Wenn Sie auf Kabel stoßen, suchen Sie eine höhere oder eine niedrigere Stelle für die Pergola.

Stellen Sie immer den Strom am Hauptstromschalter ab, bevor Sie in eine Wand bohren oder schrauben.

(#6) Die Pfetten (C) probehalber auf die Träger legen. Mit einem Gummihammer die einzelnen Teile vorsichtig zusammenfügen und mit Terrassenschrauben (6,5 cm) verschrauben. Die Schrauben diagonal von der Rückseite der Pfetten in die Träger schrauben.

(#7) Als Sparren dienen die Balken (4 x 4 cm), die im rechten Winkel zum Haus montiert werden. Die Sparren auf ihre Länge zuschneiden, in die Enden 30°-Winkel sägen, dann in der Mitte beginnen. Für die Abstände ein Winkelmaß und einen Holzklotz verwenden und die Sparren mit Schrauben (6,5 cm) an den Pfetten befestigen.

(#8) Die Pergola in Natur lassen oder so beizen, dass sie zur Verkleidung bzw. zum Anstrich des Hauses passt. Um das Werkstück außen an der Hauswand anzubringen, die Besonderheiten der Hauswand beachten. Bei Holzhäusern/Holzziegelhäusern einen Bolzensucher verwenden, um abgebrochene Bolzen hinter der Außenverkleidung ausfindig zu machen. Den Balken an die tragende Konstruktion bzw. an den Ziegeln des Hauses anbringen, nicht nur an die Verkleidung bzw. im Putz. In manchen Fällen mag es einem gelingen, ihn am Sturz über dem Türrahmen anzubringen, was aber nur wenig bis keinen Platz zwischen dem oberen Rand des Türrahmens oder der Türeinfassung und der Unterkante des Balkens lässt (ein bisschen Abstand ist eine hübsche optische Unterbrechung). Finden und markieren Sie die Stellen, wo sich die tragende Konstruktion befindet, und übertragen Sie diese auf die Außenseite des Balkens, damit Sie wissen, wo Sie bohren müssen, um die tragende Konstruktion des Hauses zu treffen.

Suchen Sie sich mindestens zwei Helfer, die Ihnen beim Hochheben und Montieren der Pergola helfen. Schlossschrauben oder Holzschrauben verwenden, um die Konstruktion zu montieren (keine Schrauben verwenden, die länger als 15 cm sind, da sonst die Dampfsperre der Wand beschädigt werden könnte). Die Schrauben in die vorgebohrten Löcher stecken, bevor man die Pergola an ihren Platz bringt. Verwenden Sie Leitern und heben Sie sie vorsichtig an ihren Platz. Stellen Sie den Strom ab. Wenn die Pergola einmal an ihrem Platz ist, schrauben Sie sie mit Holzschrauben (10–15 cm) an die Hauswand. Eventuell wird ein Distanzholz hinter dem Balken benötigt, je nach Art Ihrer Verkleidung.

20

BEPFLANZBARER SICHT-SCHUTZ

Lassen Sie Sonne und Wind (und neugierige Nachbarn) mit dieser Kombination aus Sichtschutz und Blumentopf einfach draußen!

Es mag Augenblicke geben, in denen Sie Ihren persönlichen Rückzugsraum möglichen Blicken der Nachbarn zu sehr ausgesetzt empfinden. Dann ist ein Sichtschutz die perfekte Ergänzung auf Ihrer Terrasse oder Ihrem Balkon. Zusätzlich zur Privatsphäre kann ein Sichtschutz vor Sonne und Wind schützen. Die hier gezeigte Lösung kann all das und noch viel mehr – ihr Sichtschutz ist so gebaut, dass er auch Pflanzen Halt gewährt. Das Spaliergitter ist die perfekte Rankhilfe für Wein. Standard-Pflanzkübel (60 cm) werden in das Design integriert. Dieser Sichtschutz ist außerdem mobil und kann leicht dahin bewegt werden, wo er gebraucht wird. Auch Transportrollen oder einfach eine Polsterung (z. B. aus Teppichresten) bzw. Filzgleiter können an der Unterseite angebracht werden, damit sich das Werkstück leichter bewegen lässt.

Ein schwererer Unterbau trägt einen leichteren, offeneren Sichtschutz, der es dem Wind erlaubt, so hindurchzuwehen, dass er weniger leicht umfällt. Wenn jedoch starke Winde in Ihrer Gegend üblich sind, sollten Sie darüber nachdenken, den bepflanzbaren Sichtschutz an einem Gebäude zu befestigen.

Wenn man Blumenkästen mit Abtropfschalen verwendet, hilft dies, Ihre Terrasse oder Ihren Balkon sauber und frei von überschüssigem Wasser zu halten. Wenn sich die Pflanzen an der Pergola einmal entwickelt haben, haben Sie einen Sichtschutz, der Ihnen Privatsphäre garantiert und gleichzeitig einen schönen Rahmen für Ihre Lieblingsblumen oder Ihr Gemüse darstellt.

SICHTSCHUTZ

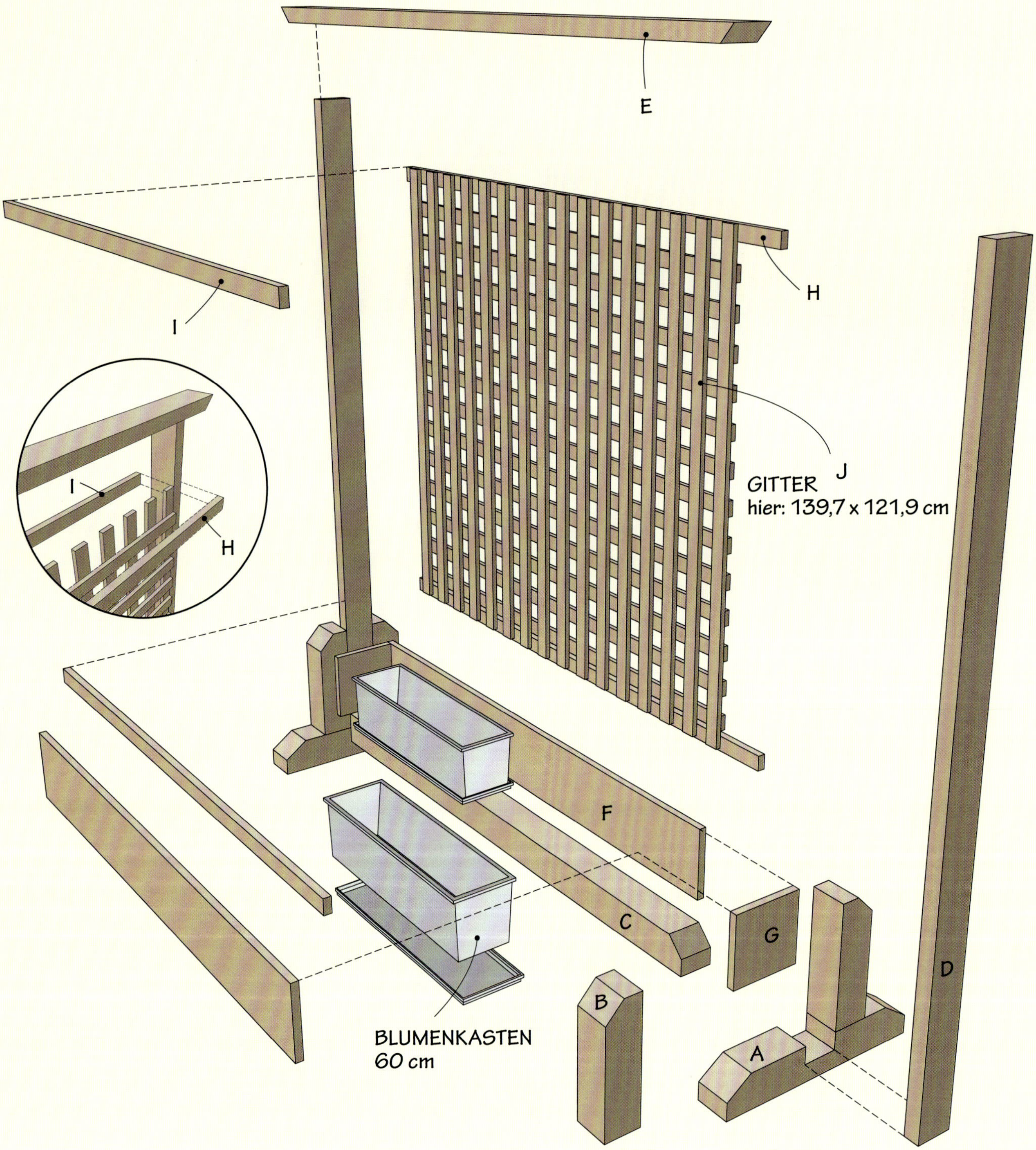

Zuschnittliste

Legende	Menge	Beschreibung	Maße
A	2	Füße	9 x 9 x 61 cm
B	4	Stützen für die Steher	9 x 9 x 30 cm
C	1	Längsträger	9 x 9 x 173 cm
D	2	Steher	4 x 9 x 180 cm
E	1	Längsbalken oben	4 x 9 x 208 cm
F	2	Verkleidung des Blumenkastens	2 x 18 x 143 cm
G	2	Seitenteile der Verkleidung	2 x 18 x 18 cm
H	2	Zierleisten außen	2 x 4 x 151 cm
I	2	Zierleisten innen	2 x 4 x 143 cm
J	1	Gitter, 90°	2 x 121 x 140 cm

Materialliste

Menge	Beschreibung
(Zeder, alternativ: Lärche, Kiefer, Fichte)	
2	9 x 9 x 250 cm
3	4 x 9 x 250 cm
4	2 x 4 cm x 250 cm
2	2 x 18 cm x 250 cm
	Terrassenschrauben, 4 cm
	Terrassenschrauben, 6,5 cm
	Terrassenschrauben, 15 cm
	Senkkopfschrauben mit kleinem Kopf, 4 cm
2	Blumenkästen

Werkzeug	
Bohrer/Schrauber	Kreissäge
Maßband	Zwingen
Winkelmaß	Stemmeisen

Bauanleitung Bepflanzbarer Sichtschutz

1

(#1) Gestalten Sie die Füße, indem Sie das Kantholz (A, 9 x 9 cm, wir haben Zeder verwendet) auf eine Länge von 61 cm zuschneiden. Eine dekorative Gehrungskante im 45°-Winkel in jedes Ende sägen. Sägen Sie für den Längsträger eine Ausnehmung von 9 cm Breite in die Mitte – zuerst mit der Kreissäge, bei der eine Schnitttiefe von 4,5 cm eingestellt wird – einkerben, dann mit einem Stemmeisen nacharbeiten. Sie bekommen schnellere, akkuratere Ergebnisse, wenn Sie die beiden Kanthölzer zusammenklemmen und sie als eine Einheit bearbeiten.

2

(#2) Die Stücke umdrehen, um sie leichter aneinander befestigen zu können. Legen Sie die Oberkante des Längsträgers auf eine gerade Arbeitsfläche, und passen Sie ihn in die Ausnehmungen ein, die Sie in die Füße eingearbeitet haben. Der Längsträger sollte an jedem Fuß etwa 6 cm überstehen. Terrassenschrauben (10 cm) durch die Füße und in den Längsträger schrauben.

3

(#3) Die Stützen der Steher auf die richtige Länge zuschneiden und dann an den Oberseiten passend auf Gehrung (45°) sägen. Legen Sie ein Paar Reststücke (9 x 9 cm) auf Ihre Arbeitsoberfläche, um sie als Abstandshalter zwischen den Stützen zu verwenden. Die Stützen kopfüber auf Ihre Arbeitsfläche stellen und sie dann um die Abstandshalter herum festklemmen. Das Konstrukt aus Längsträger/Fuß auf die Enden der Stützen legen und mit den Zwingen festklemmen. Schrauben Sie die Stützen an den Längsbalken, indem Sie die Schrauben (15 cm) nach unten durch die Füße und in die Enden der Stützen drehen. Diese Verbindungen mit je zwei weiteren Schrauben verstärken.

(#4) Messen Sie den Abstand zwischen den Stützen und übertragen Sie dieses Maß dann auf den Längsbalken oben, dabei diesen mittig zwischen den Stützen ausrichten. Der Längsbalken sollte jede Stütze um etwa 28 cm überragen.

(#5) Terrassenschrauben (6,5 cm) durch den Längsbalken in die oberen Enden der Steher schrauben um die Teile miteinander zu verbinden. Doppelt überprüfen, ob die Überstände gleich sind.

4

5

6

7

8

(#6) Die Konstruktion aus Stehern und oberem Längsbalken in die Stützen für die Steher stellen, dabei die Steher so zwischen die Stützen stecken, dass eine ebene Fläche entsteht. Terrassenschrauben (6,5 cm) an einer Ecke zum Befestigen einschrauben.

(#7) Die Verkleidung des Blumenkastens aus dem Brett mit den Maßen 2 x 18 cm zuschneiden. Den Blumenkasten zusammenbauen, indem die Verkleidung mit Senkkopfschrauben an die Seiten der Verkleidung geschraubt oder genagelt wird. Den Blumenkasten in der Verkleidung einpassen, dann Terrassenschrauben durch die Seitenverkleidungen in die aufrechten Steher schrauben. Der Längsträger fungiert als Unterseite des Blumenkastens.

(#8) Terrassenschrauben (4 cm) verwenden und die äußeren Zierleisten an die Steher schrauben (siehe Diagramm auf Seite 134 für die Position). Das Holzgitter zuschneiden. Dann befestigen, indem es zwischen die äußeren und die inneren Zierleisten gebracht und Terrassenschrauben (4 cm) durch die inneren Leisten, das Gitter und in die äußeren Leisten geschraubt werden. Siehe Illustration für Details. Am Ende Plastikblumenkästen in den Blumenkasten stellen.

Holzgitter zuschneiden

Holzgitter sind schnell und leicht in ihrer Verwendung, aber sie sind für gewöhnlich aus relativ schwachen und dünnen Holzleisten, die mit Klammern verbunden sind, weshalb sie immer noch ein bisschen zerbrechlich sind. Um ein Holzgitter auf die richtige Größe zuzuschneiden, ohne dass die Vibration der Säge die Leisten zerbricht, klemmen Sie das Gitter zwischen zwei dünne Streifen übriggebliebenen Holzes und schneiden Sie dann gleichzeitig durch die Reststücke und das Gitter.

21

HUNDE-BETT

Wenn es darum geht, Ihren treuen Begleiter zu verwöhnen, kann es nichts geben, was zu angenehm für ihn wäre.

Wenn Sie schon einen idealen Rückzugsort in Ihrem Garten gestalten, warum sollten Sie dann nicht auch gleich ein nettes Plätzchen für Ihr Haustier mit einplanen? Hunde geben uns so viel und verlangen im Gegenzug nur wenig. Einen gemütlichen Schlafplatz für Ihren Hund zu entwerfen, ist eine großartige Ergänzung zu Ihrer Terrasse oder Ihrem Balkon.

Ein Hundebett ist ein leichtes Projekt und kann an einem Tag fertiggestellt werden; das Grunddesign kann durch Ergänzungen kreativ erweitert werden. Ein Dach, um vor Regen und Sonne zu schützen oder eingebaute Wasser- oder Futternäpfe sind leicht zu realisierende Erweiterungen.

Es ist ratsam, die Maße dieses Projekts anzupassen, damit es zu Ihrem Hund passt. Vergewissern Sie sich, dass es stabil genug ist und bringen Sie gegebenenfalls zusätzliche Bretter an, um es an Größe und Gewicht Ihres Haustiers anzupassen. Das hier gezeigte Bett wurde für Hunde mit einem Gewicht von 4–9 kg gebaut. Für größere Hunde sollten Sie eine größere Holzstärke verwenden.

HUNDEBETT

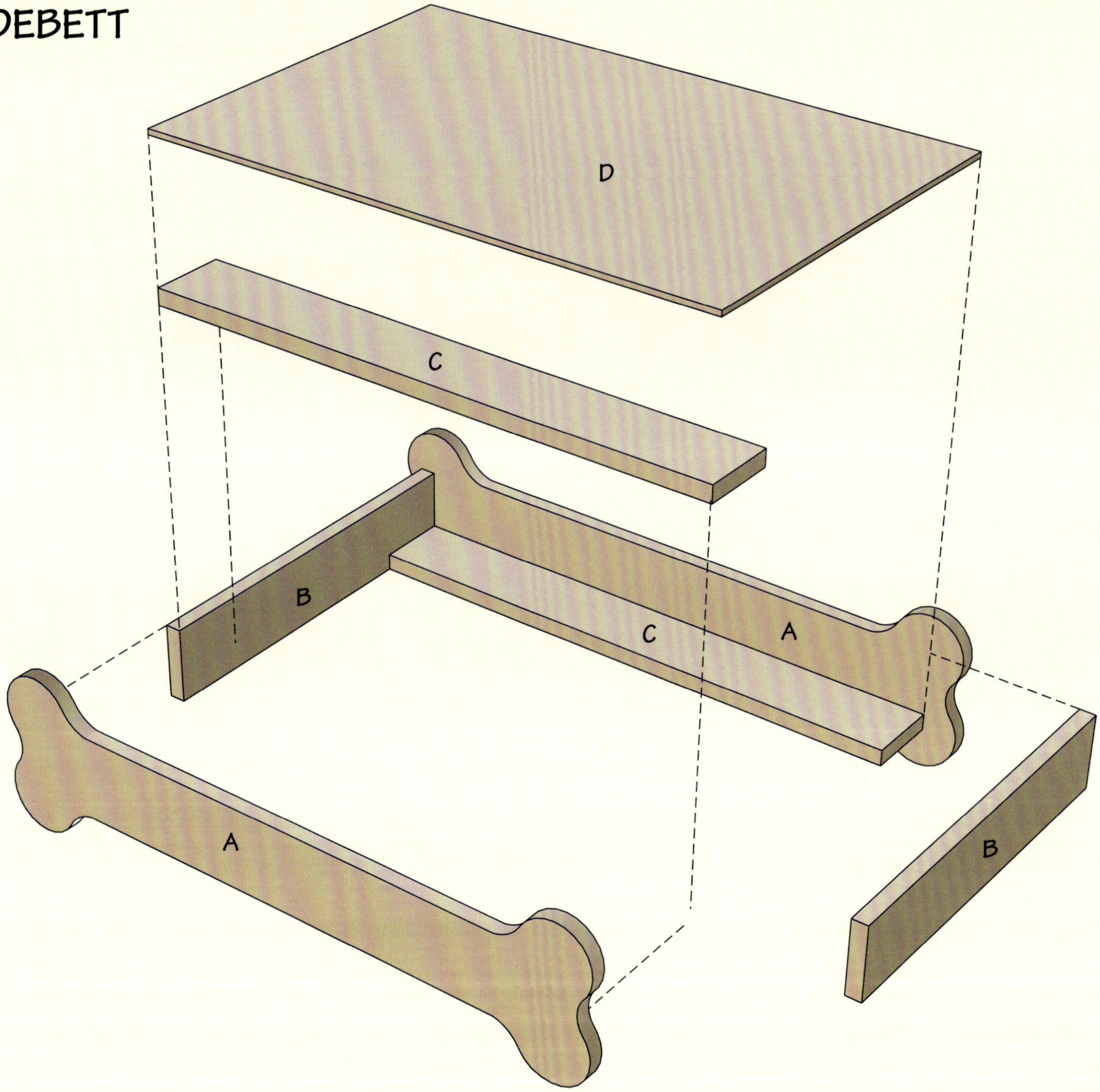

Zuschnittliste

Legende	Menge	Beschreibung	Maße
A	2	Bettkasten Vorder-/Rückseiten	2,5 x 18 x 75 cm
B	2	Bettkasten Seitenteile	2,5 x 9 x 45 cm
C	2	Halterungen Einlegebrett	2,5 x 9 x 68 cm
D	1	Einlegebrett	0,6 x 45 x 68 cm

Materialliste

Menge	Beschreibung
(Zeder oder Kiefer)	
1	2,5 x 18 cm x 250 cm
1	2,5 x 9 x 250 cm
	Sperrholz, 0,6 x 60 x 120 cm
	Schrauben für Sacklochverbindungen, 3,5 cm
	Terrassenschrauben, 4 cm
	Terrassenschrauben, 2 cm
	Leim
	Holzversiegelung o. Glanzlack für den Außenbereich

Werkzeug	
Bohrer/Schrauber	Kreissäge
Maßband	Stichsäge
Winkelmaß	Zwingen
Bohrschablone für Sacklochbohrungen	

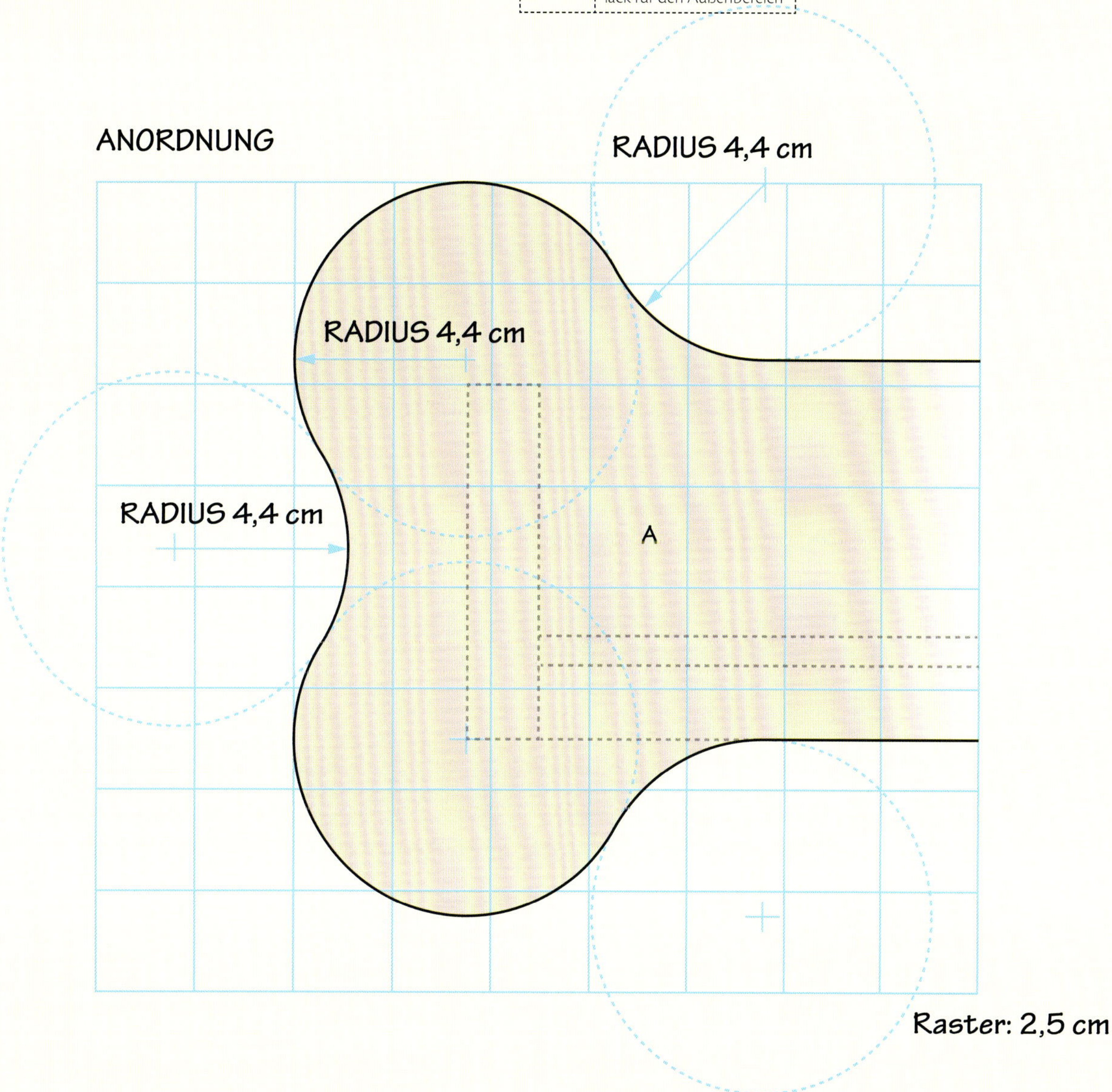

Bauanleitung Hundebett

(#1) Die knochenförmigen Verkleidungen für den Bettkasten werden aus Zedernholz (2,5 x 18 cm) zugeschnitten. Die Formen mithilfe von Zirkel, Maßband und Führungsschiene direkt auf das Holz zeichnen. Siehe Seite 141 für die Anordnung.

TIPP: Eine Seite anzeichnen, ausschneiden und glatt schleifen, dann als Schablone für die zweite Seite verwenden, um sicherzustellen, dass man gleichartige Ergebnisse erhält.

(#2) Das Werkstück sicher an Ihre Arbeitsfläche klemmen und vorsichtig die Profile mit der Stichsäge aussägen. Schneiden Sie ein wenig außerhalb der Zuschnittlinien, damit Sie sie direkt zur Linie zurechtschmirgeln können.

(#3) Die gebogenen Formen schleifen und eventuelle scharfe Kanten des Werkstücks glätten. Einen Schleifklotz oder eine Schleifmaschine (ein Exzenterschleifer oder/und ein Deltaschleifer eignen sich) verwenden.

(#4) Schneiden Sie die rechteckigen Seitenteile für den Bettkasten zu und bereiten Sie sie vor, um sie an die knochenförmigen Fronten zu schrauben. Wir haben Sacklochverschraubungen verwendet, um ordentliche und starke Verbindungen zu erhalten (siehe Seite 15).

5

6

7

(#5) Die Bretter des Kastens zusammenklemmen und mit Leim und Schrauben verbinden. Sie können die Verbindungen auch leimen und mit Senkkopfnägeln durch Vorder- und Rückseiten in die Enden der Seitenteile vernageln. Dann zusätzlich Nägel durch den Kasten und in die Halterungen des Einlegebretts (Schritt 6) an allen Seitenteilen hämmern.

(#6) Die Halterungen des Einlegebretts zwischen der Front und der Rückseite anbringen. Die Halterungen sollten bündig mit den Unterkanten des Bettkastens sein (außer an den Knochenformen). Wenn Sie die Verbindungen nageln, schlagen Sie Senkkopfnägel durch den Kasten und in alle drei Stoßkanten jeder Halterung.

(#7) Das Einlegebrett aus dem 0,6 cm dicken Sperrholz für den Außenbereich zuschneiden. Befestigen, indem Terrassenschrauben (2 cm) durch das Einlegebrett in die Halterungen geschraubt werden. Wie gewünscht streichen, etwa mit einer durchsichtigen Holzversiegelung mit UV-Schutz oder Lack für den Außenbereich (Glanzlack ist am besten). Aus Gründen der Hygiene und der leichteren Reinigung streichen Sie das Einlegebrett oben und unten mit einem Glanzlack für den Außenbereich. Kaufen oder gestalten Sie eine „Matratze" für das Hundebett und legen Sie sie hinein.

22

KERZEN-HALTER AUS BETON

Diese drei Teelichthalter für den Tisch beleuchten die elegante Schönheit von Gießbeton.

Nur wenige Dinge in unserer Umwelt sind besser als Kerzenlicht geeignet, wenn es darum geht, Stimmung zu erzeugen. Der Effekt wird sogar noch intensiver, wenn das Kerzenlicht aus einem geschmackvollen, selbst gemachten Kerzenhalter erstrahlt. Diese Teelichthalter können in nur wenigen Stunden hergestellt werden, strahlen aber über Jahre und machen Ihre Terrasse oder Ihren Balkon zum perfekten Ambiente.

Haben Sie keine Scheu davor, Beton zu verwenden! Das muss nicht heißen, schwere Betonsäcke, Sand und Steine schleppen zu müssen und viel Energie aufzuwenden. Betonmischungen nehmen Ihnen viel Arbeit bei der Suche nach dem richtigen Rezept ab. Bei diesem kleinen Projekt sind die Mengen, die Sie anmischen, im Übrigen leicht genug, um Ihre Muskeln nicht überzustrapazieren.

KERZENHALTER

KERZENHALTER A

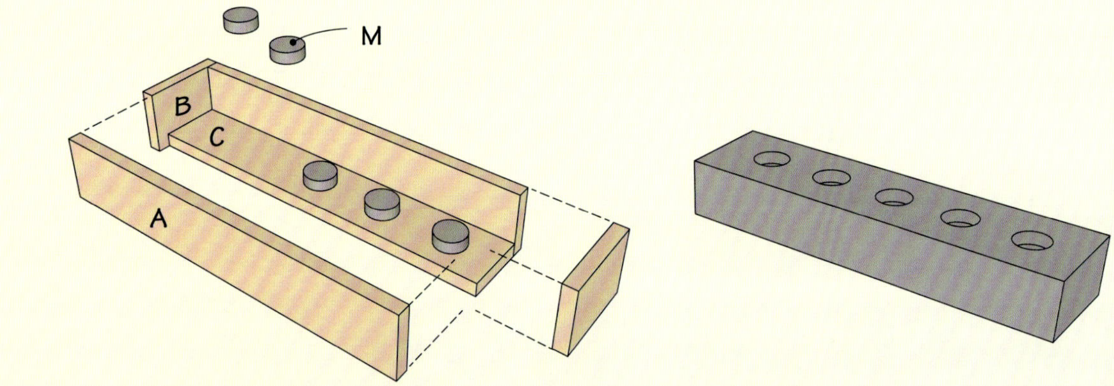

KERZENHALTER B

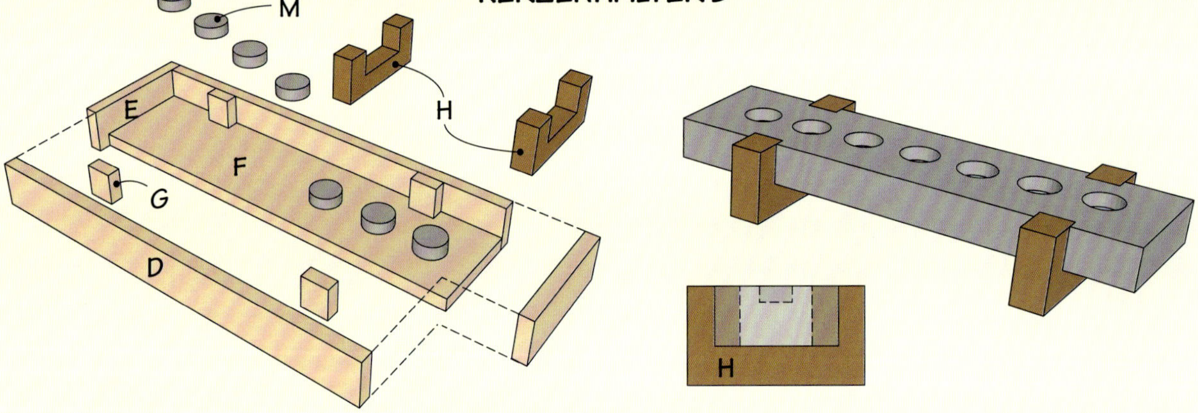

KERZENHALTER C

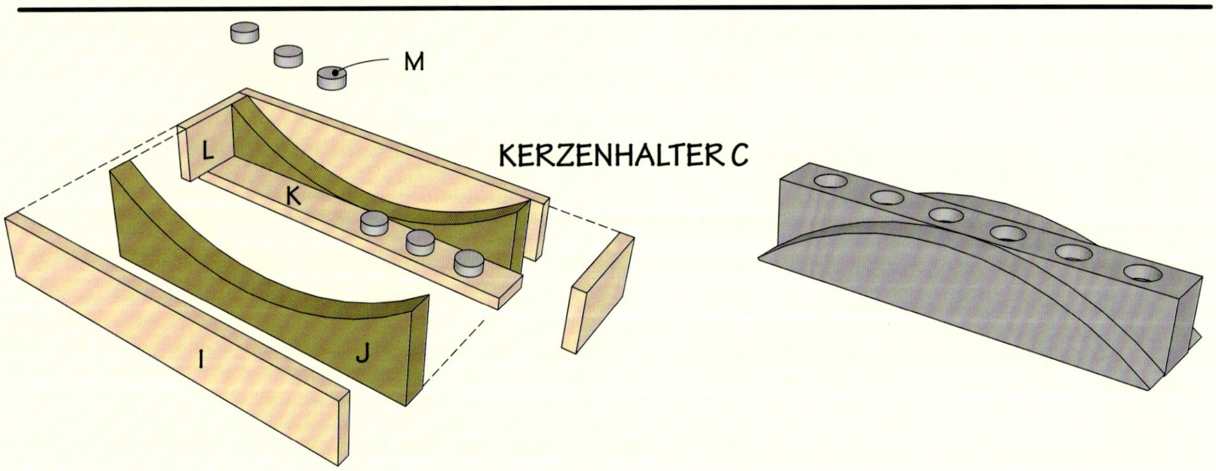

Zuschnittliste

KERZENHALTER A (Gesamtmaße: 4,5 x 8 x 35 cm)

Legende	Menge	Beschreibung	Maße
A	2	Vorder-/Hinterteil	2 x 6,5 x 35 cm
B	2	Seitenteile	2 x 6,5 x 12 cm
C	1	Unterteil	2 x 8 x 35 cm
M	5	Kerzenhalter	

KERZENHALTER B (Gesamtmaße: 4,5 x 14 x 40 cm)

Legende	Menge	Beschreibung	Maße
D	2	Vorder-/Hinterteil	2 x 6,5 x 40 cm
E	2	Seitenteile	2 x 6,5 x 18 cm
F	1	Unterteil	2 x 14 x 40 cm
G	4	Klötzchen für die seitl. Ausnehmungen	2 x 4 x 4,5 cm
H	2	Holzständer	4 x 9 x 20 cm
M	7	Kerzenformen	

KERZENHALTER C (Gesamtmaße: 8 x 14 x 38 cm)

Legende	Menge	Beschreibung	Maße
I	2	Vorder-/Hinterteil	2 x 9 x 45 cm
J	2	Teile innen	3 x 9 x 41 cm
K	1	Unterteil	2 x 4 x 45 cm
L	2	Seitenteile	2 x 7 x 10 cm
M	6	Kerzenhalter	

Materialliste

Menge	Beschreibung
(Kiefer)	
1	2 x 4 cm x 250 cm
2	2 x 8 cm x 250 cm
1	2 x 10 x 250 cm
1	3 x 10 cm x 250 cm
	PVC-Rohr, Durchmesser 3 cm (5 cm)
1	Sack Betonmischung, 25 kg
	Schrauben, 4 cm
	Silikonmasse
	Abdeckband
	Antihaftspray zum Backen/Braten
	Betonversiegelung (optional)

Werkzeug
Behälter zum Anmischen
20-l-Eimer mit Deckel oder Mörtelkübel
Kleine Plane oder Plastikabdeckfolie

Beginnen Sie mit einer geeigneten Betonvormischung. Eine Betonmischung mit feinerer Körnung für Arbeitsplatten ist eine gute Wahl. Verwenden Sie einen 20-Liter-Eimer mit einem festsitzenden Deckel, um den Beton aufheben zu können. Ein Plastikbecher ist eine praktische Schöpfkelle und erleichtert das Abmessen.

Bauanleitung Kerzenhalter aus Beton (3 Varianten)

1

2

3

4

(#1) Die Form oder Formen aus den verschiedenen Hölzern (2 x 6,5 cm, 2 x 9 cm und 3 x 9 cm), je nach dem zugrunde liegenden Design, bauen. Es funktioniert mit jedem glatten Holz, außer man wünscht sich eine raue Oberfläche. Markieren Sie die Positionen der Kerzen im Inneren der Formen.

ANMERKUNG: Für dieses Projekt habe ich drei verschiedene Formen gebaut und dann alle drei gleichzeitig gegossen.

Die Formen zusammenklemmen und die Maße überprüfen, dann die Löcher bohren und die Formen mit 4 cm langen Schrauben verschrauben.

(#2) Für die runden Ausnehmungen, die die Kerzen halten sollen, verwenden Sie ein Rundholz oder ein auf 2 cm zugeschnittenes Plastikrohr (Durchmesser 3 cm), diese dann in Abdeckband wickeln. Das Plastikrohr einschneiden, damit es sich leichter zusammendrücken und entfernen lässt, wenn der Beton ausgehärtet ist.

(#3) Silikonmasse verwenden, um die Ausnehmungen für die Kerzen in die Form zu kleben. Manchmal ist es schwer, sich einzudenken, aber Betongießen findet immer verkehrt herum statt, also konzentrieren und Orientierung behalten!

(#4) Tragen Sie eine dünne Wulst aus Silikonmasse in den Ecken und etwaigen Zwischenräumen in der Holzform auf, dann wischen oder sprühen Sie die Innenseite der Form mit einem leichten Öl als Trennmittel aus. Antihaftspray zum Kochen und Backen ist gut geeignet.

5

6

7

8

(#5) Genug Betonmischung für Ihre Form/Formen abmessen und in einen Eimer oder einen Mörtelkübel geben. Eine Plane oder eine Plastikfolie über Ihrem Arbeitsplatz erleichtert später das Aufräumen. Wasser in kleinen Mengen beifügen und gut vermischen. Die Mischung sollte die Konsistenz von klebrigem Haferbrei haben. Auf einer ebenen Oberfläche den Beton in die Form gießen oder schöpfen und ihn dabei behutsam in die Ecken drücken.

Anmerkung: Immer Handschuhe und eine Staubmaske tragen, wenn Beton angemischt oder damit hantiert wird.

(#6) Klopfen Sie vorsichtig mit einem Gummihammer einige Male gegen die Seitenteile der Form, damit das Material sich setzen kann, um alle Hohlräume zu füllen und Luftblasen herauszulassen. Bei den meisten Formen füllen Sie die Betonmischung bis zum oberen Rand und streichen überschüssiges Material ab, indem Sie mit einem Holzrest in einer sägenden Bewegung oben entlangfahren. Die Form mit Plastikfolie bedecken und den Beton drei bis fünf Tage aushärten lassen.

(#7) Die Form auseinandernehmen, indem die Schrauben entfernt werden und die Form vorsichtig weg vom getrockneten Beton aufgehebelt wird. Die Kerzenformen entnehmen.

(#8) Der Beton kann mit Diamantschleifkissen, einem Schleifklotz und regulärem Schleifpapier oder Schmirgelpapier geschliffen und poliert werden. Auch Betonfarbe kann verwendet werden, um die Farbe des Betons zu ändern (Sie können sie auch zur feuchten Mischung vor dem Gießen hinzugeben). Das Versiegeln des Betons nach drei oder vier Wochen verleiht Schutz vor den Elementen und vertieft die Farbe.

23

FEUER-SCHALE AUS BETON

Genießen Sie Ihre Freiluftaktivitäten entspannt im Feuerschein und beobachten Sie die tanzenden Flammen, so lange Sie möchten.

Feuergruben, Kamine und Außenfeuerstellen sind unglaublich beliebt. Sie bieten Wärme und Licht und verbreiten jene Stimmung, die viele Menschen schätzen. Aber der Rauch, der Ruß und der Geruch, den sie verursachen, sind oft ein Ärgernis.

Dieses Feuerschalenprojekt bietet eine großartige Lösung: Es ist klein genug, um wirklich überall verwendet werden zu können, aber auch groß genug, um für Licht und Wärme zu sorgen – und es verursacht überhaupt keinen Rauch oder Geruch. Die Feuerschale, die durch ihre einfache Form anspricht, benötigt einen halben 25-Kilo-Sack Betonmischung, was sie leicht genug macht, um sie zu bewegen, falls es nötig sein sollte. Lavasteine dienen als Füllmaterial, das um die Dosen mit Brennpaste ausgelegt wird (auch erhältlich mit niedriger Kohlenmonoxidformel für den Gebrauch im Innenbereich). Sie bieten eine sichere Art, den Brennstoff an seinem Platz zu halten, und sind fast gänzlich unempfindlich gegenüber der Hitze, die durch das Feuer entsteht. Die Dosen mit Brennpaste können leicht angezündet und gelöscht werden.

Der Betonmischung kann ein flüssiges Färbemittel beigefügt werden, was dem Gefäß visuelle Spannung auf ganz anderem Niveau verleiht. Blätter, dekorative Steine und Plättchen können vor dem Gießen der äußeren Form hinzugefügt werden, um das fertige Werkstück individuell zu gestalten.

Auch dieses Feuer niemals unbeaufsichtigt lassen. Löschen Sie es, wenn Sie den Genuss seiner Wärme und seines Lichts beenden wollen.

FEUERSCHALE

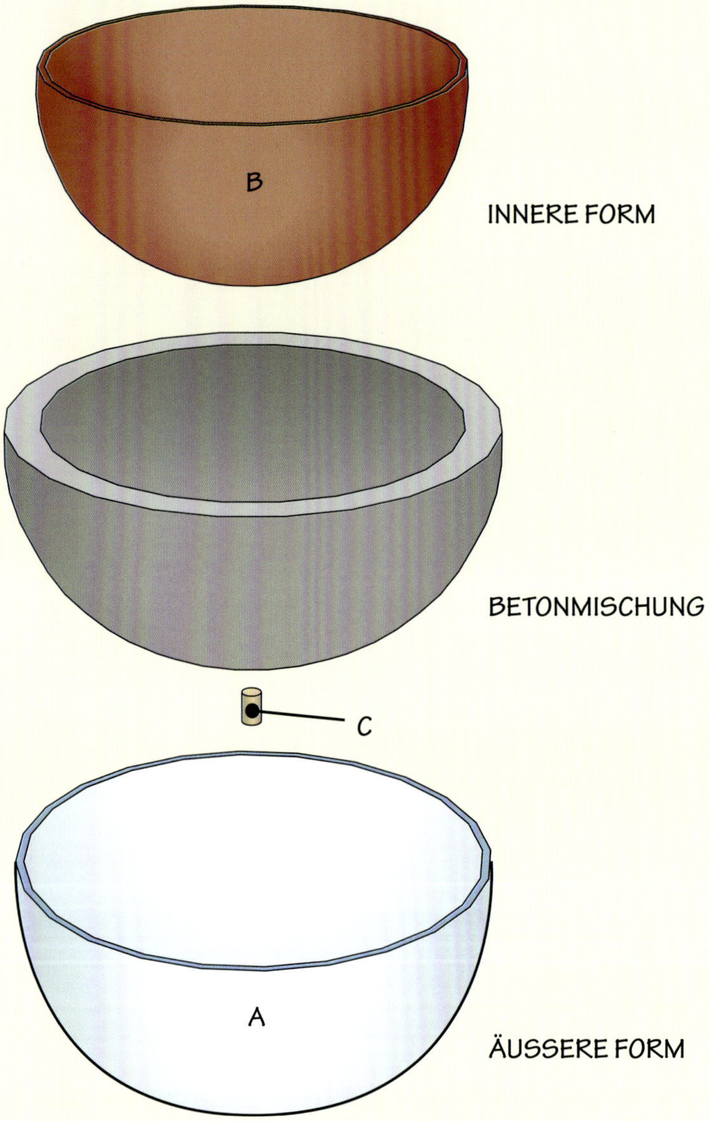

Form für die Feuerschale

Legende	Menge	Beschreibung	Maße
A	1	Äußere Form	ca. 45 cm im Durchmesser
B	1	Innere Form	ca. 40 cm im Durchmesser
C	1	Zylinderstift oder Korken	1,5 cm im Durchmesser x 4 cm

Materialliste

Menge	Beschreibung
1	Schüssel, 45–50 cm
1	Schüssel, 16–45 cm
1	Sack Betonmischung, 25 kg
	Lavasteine
	Brennpaste
	Antihaftspray zum Backen und Kochen
	Flüssige Betonfarbe (optional)

Werkzeug
Ziegel oder Steine für das Gewicht
Mörtelkübel
Kleine Plane oder Plastikabdeckfolie
Schraubenzieher
Fliesenfeile

Bauanleitung Feuerschale aus Beton

1

2

3

4

(#1) Der wichtigste Teil bei der Herstellung der Feuerschale ist das Finden der richtigen Formen (Plastikschüsseln). Man benötigt zwei Stück. Zuerst ist da die innere Form, die den Beton verdrängt; dann hält die äußere Form den Beton und formt die Feuerschale. Die gezeigten Formen sind eine Bowle-Schüssel und ein Blumentopf. Darauf achten, dass sie stark genug sind, um dem nassen Beton standzuhalten, und vor dem Füllen mit einem Trennmittel einsprühen. Ein Zylinderstift oder Korken wird an den Boden der inneren Schale geklebt, damit diese nicht zu tief in die Betonmischung sinkt und um ein Abflussloch zu erhalten, wenn der Beton getrocknet ist.

(#2) Rühren Sie den Beton gemäß den Anweisungen des Herstellers an.

(#3) Gießen Sie die Betonmischung in die äußere Form und drücken Sie sie gleichmäßig rundherum an den Boden. Klopfen Sie die Schale leicht auf Ihre Arbeitsfläche, damit sich der Beton setzen kann.

TIPP: Ein dunkel gefärbter Beton bringt eine Eleganz mit sich, die daher rührt, dass sein Farbton nicht wie ein Gehsteig oder eine Einfahrt aussieht. Fügen Sie flüssige Betonfarbe (schwarz) hinzu, wenn Sie den Beton anrühren. Beachten Sie, dass Sie viel davon brauchen. Eine Halbliterpackung macht aus dem „Gehsteiggrau" ein dunkleres Grau.

(#4) Die innere Schale in den Beton drücken, dann weiteren Beton hinzufügen, diesen dabei leicht in die Seiten zwischen innerer und äußerer Form drücken. Ziegel und Steine in die innere Form legen, um zu verhindern, dass sie davonschwebt, während der Beton trocknet (was sie sonst mit Sicherheit tun wird).

5

6

7

8

(#5) Weitere Steine in die innere Form legen, um sicher zu sein, dass sie an ihrem Platz bleibt. Verwenden Sie einen Stab, um den Beton zwischen den Formen vorsichtig nach unten zu bewegen. Mit Plastik bedecken und den Beton mindestens zwei oder drei Tage aushärten lassen.

(#6) Die innere Form mit einem Schraubenzieher aufhebeln und die Betonschüssel dann vorsichtig umdrehen, um auch die äußere Form zu entfernen.

(#7) Den Guss säubern. Eine Diamant-Fliesenfeile entfernt Unregelmäßigkeiten an der Oberkante und den Ecken.

(#8) Legen Sie einen Ziegel oder eine Fliese unten in die Schüssel, dann stellen Sie die Dosen mit Brennpaste darauf (diese Feuerschale kann leicht drei Dosen halten). Lavasteine hinzufügen und dabei die Dosen vorsichtig in der Mitte der Schale einschließen.

VARIANTE: Lassen Sie die Flammen tanzen!

Die meisten von uns lieben es, am Feuer zu sitzen und die Flammen zu beobachten. Wenn Sie Ihre Feuerschale mit drei Dosen Brennpaste umgeben von Lavastein ausrüsten, sind Flammen das, was Sie bekommen (erwarten Sie kein Lagerfeuer; es ist ein bisschen dezenter als das).

Eine weitere Möglichkeit, wie man seine Feuerschale genießen kann, ist die folgende: Machen Sie sie exakt so wie auf den vorigen Seiten beschrieben. Dann ein rundes Grillgitter von einem Kugelgrill (das Gitter, auf dem die Kohlen liegen, nicht das, auf dem Sie grillen) nehmen. Ein Stück Metallmaschen auf dieselbe Größe und Form wie das Gitter zuschneiden. Schneiden Sie an den gegenüberliegenden Seiten ein paar kleine Kerben in das Metallgewebe, damit Sie es mit Zangen zu fassen bekommen können.

Dann suchen Sie Ihr örtliches Bastelgeschäft auf und kaufen ein paar Säcke feuerfester, gefärbter Glassteine. Nachdem die Brennpaste in die Schüssel gestellt wurde, das Gitter und die Metallmaschen über die Dosen legen und dann die bunten Steine auf das Gitter verteilen, sodass man sie glühen sehen kann, wenn die Brennpaste verbrennt.

Rau+Barber

Rau+Barber

24

INTARSIEN-BLUMEN-TOPF AUS BETON

Dieses Blumentopfprojekt beweist, dass sogar Beton schick sein kann.

Nichts spiegelt einen coolen Industrial-Schick mehr wider als Einrichtungsgegenstände mit eher dezenter Eleganz. Diesem Stil entspricht dieser schicke Blumentopf, der außerdem noch vergleichsweise einfach herzustellen ist.

Es gibt einige Vorüberlegungen, die man anstellen sollte, wenn man mit Beton arbeitet; die erste (und wahrscheinlich wichtigste) betrifft das Gewicht. Zwar ist Beton eines der vielseitigsten Baumaterialien am Markt, sein Gewicht kann aber ein Manko sein. Beton wiegt im Schnitt knapp 2,5 Tonnen pro m^3 (oder 2,5 kg pro l); entsprechend wichtig sind Design und Größe.

Den Blumenkübel kleinzuhalten, ist ein naheliegender erster Schritt, das Gewicht im Rahmen zu halten. Rollen können das Verschieben des Blumentopfes erleichtern. Versuchen Sie, egal was Sie bauen, unter 12 l zu verwenden, was dem Inhalt eines handelsüblichen 25-Kilo-Sacks Beton entspricht. Mit den Maßen 20 x 20 x 28 cm ist das Design dieses Blumentopfs zum einen groß genug, um nützlich zu sein und eine entsprechende Präsenz auf Ihrer Terrasse oder Ihrem Balkon zu entfalten, und zum anderen benötigt er nur gut 11 l Beton.

Denken Sie darüber nach, ob Sie außen auch Steine, Fliesen, Metallstücke oder Muscheln anbringen wollen, so wie es hier der Fall ist.

ANMERKUNG: Immer Handschuhe und eine Staubmaske tragen, wenn Beton angemischt oder damit hantiert wird!

BLUMENTOPF AUS BETON

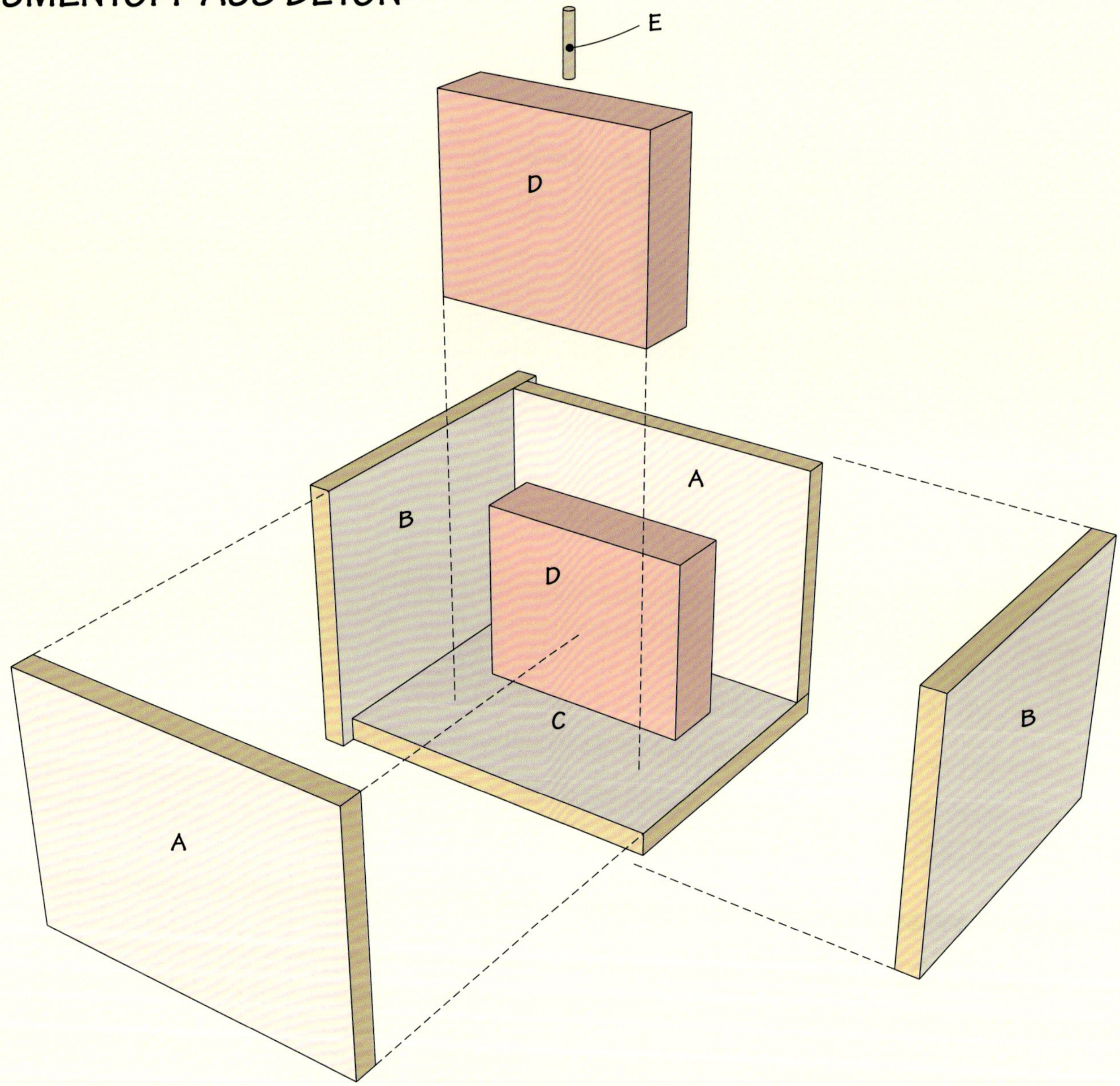

Zuschnittliste

Legende	Menge	Beschreibung	Maße
A	2	Vorder-/Hinterteil	2 x 20 x 28 cm
B	2	Seitenteile	2 x 22 x 24,5 cm
C	1	Boden	2 x 24,5 x 28 cm
D	2	Hartschaumpuffer	5 x 15 x 18 cm
E	1	Rundholz	1 cm (Durchmesser) x 10 cm

Materialliste

Menge	Beschreibung
1	2 x 28 x 130 cm melaminbeschichtetes Spanplattenregal
	Hartschaumplatte, 5 cm (0,2 m^2)
1	Sack Betonmischung, 25 kg
	Abdeckband
	Schrauben, 4 cm
	Trockenbauschrauben, 5 cm
	Silikonmasse
	Färbemittel (optional)

Werkzeug	
Bohrer/Schrauber	Stanleymesser o. Stemmeisen
Mörtelkübel	Kleine Plane o. Plastikabdeckfolie
Gummihammer	

Die Hypertufa-Variante

Gartenmagazine und -kataloge zeigen oft Blumenkübel, die aussehen, wie aus Stein oder Beton hergestellt, randvoll mit Blumen oder als Alpengärten angelegt. Oft sind diese aber gar nicht aus Beton, sondern aus einem Material namens Hypertufa. Damit können Sie kostengünstige, langlebige Pflanzenkübel herstellen, die wie alte Steinwaschbecken oder -tröge aussehen. Da die Hypertufa-Mischung leichte Zusätze wie Perlit oder Vermiculit anstelle des schweren Steinzuschlags beinhaltet, ist das Material leicht und beherrschbar. Einfach die Mischung anrühren und in eine Form gießen, wo sie sich setzt und aushärtet. Trocken nimmt Hypertufa die Farbe von Beton an. Wer eine andere Farbe haben möchte, fügt einfach Betonfarbe während des Mischvorgangs hinzu. Färbeprodukte sind sehr konzentriert, also mit einer kleinen Menge beginnen und mehr hinzufügen, falls notwendig.

Als leichte Version von Beton ist Hypertufa ein leicht zu verarbeitendes Material, mit dem schöne Gartenaccessoires entstehen.

(#1) Die Form aus 2 cm dickem Sperrholz oder aus beschichteten Spanplatten bauen. Diese Form wurde aus einem sehr leicht zu verarbeitenden (und kostengünstigen) melaminbeschichteten Spanplattenbrett (28 cm tief x 130 cm lang) gebaut. Beginnen Sie, indem Sie die Bodenplatte zuschneiden und dann Vorder- und Rückseite und je ein Seitenteil miteinander befestigen, indem Sie sie aneinander stoßen und mit Trockenbauschrauben (5 cm) verschrauben.

(#2) Zwei Blöcke aus den Hartschaumplatten aufeinander kleben, um eine Ausnehmung im Inneren des Blumenkübels zu formen. Verteilen Sie eine gleichmäßige Silikonschicht auf einer der langen Seiten des Schaums und drücken Sie ihn dann fest an den Boden, achten Sie dabei darauf, dass er mittig liegt. Einen sehr dünnen Wulst Silikonmasse rund um die Innenkanten der Form auftragen.

(#3) Verwenden Sie die Silikonmasse, um Einsetzarbeiten oder Einlegearbeiten innen an die Form zu kleben. Wir haben eine kleine Nautilusmuschel an der Form angebracht, mit der schönen Seite zur Form, damit diese sichtbar ist. Das eingelegte Stück mit Abdeckband bedecken, dann eine dünne Schicht Silikonmasse auf dem Abdeckband verteilen. Fest gegen die Form drücken.

(#4) Rühren Sie den Beton entsprechend den Anweisungen des Herstellers an. Färbemittel hinzufügen, falls gewünscht. Die Konsistenz sollte annähernd wie die von klebrigem Haferbrei sein, wenn der Beton fertig ist.

5

6

7

8

(#5) Gießen Sie den Beton in die Form und arbeiten Sie ihn dabei in die Ecken ein. Sachte mit einem Gummihammer gegen die Form klopfen, während sie befüllt wird, damit der Beton sich setzen kann und Luftblasen verschwinden. Wer ein Abflussloch haben möchte (was zu empfehlen ist), steckt zuvor ein ca. 15 cm langes Stück Rundholz mit einem Durchmesser von 1–1,5 cm in die Mitte der Hartschaumform (daran denken: Man arbeitet für gewöhnlich verkehrt herum, wenn man Beton gießt).

(#6) Die Form mit einer Plastikplane bedecken und den Beton drei bis fünf Tage aushärten lassen. Dann die Platten auseinander schrauben und vorsichtig die Form entfernen.

(#7) Zerschneiden und entfernen Sie den eingelegten Hartschaum mithilfe eines Stemmeisens oder eines Stanleymessers. Sie müssen den Schaum zerbrechen, um ihn herauszubekommen, also seien Sie auf ein bisschen Dreck vorbereitet!

(#8) Den Blumentopf außen mit einem Diamantschleifkissen polieren und alle Kanten und Unebenheiten beseitigen. Tauchen Sie das Schleifkissen in Wasser, um eine Staubentwicklung zu verhindern, tragen Sie aber trotzdem eine Staubschutzmaske, wenn Sie diese Arbeit erledigen. Befüllen Sie den Blumentopf mit Erde und Ihren Lieblingssamen oder -setzlingen.

25

VOGELBAD AUS BETON

Durch seinen modernen Stil erfreuen Sie sich an diesem Vogelbad ebenso wie die Vögel.

Wie alle Tiere brauchen auch Vögel Wasser zum Leben. Obwohl sie Feuchtigkeit aus dem Futter gewinnen können, trinken die meisten Vögel täglich Wasser. Vögel nutzen Wasser auch zur Reinigung. Ein Vogelbad in Ihrem Garten aufzubauen, ist eine großartige Art und Weise, Vögel anzulocken, die man für gewöhnlich nicht an seinem Vogelhäuschen sieht. Und es selbst zu bauen, bringt Spaß und die individuelle Note.

Das Design dieses Vogelbads ist modern, ungewöhnlich und einfach zu bauen. Es benötigt nicht ganz einen einzigen 40-Kilo-Sack vorgemischten Betons; es ist also nicht schwer, das Vogelbad auf Ihrer Terrasse herumzubewegen. Für mehr Flair können Sie zusätzlich Einlegearbeiten in Erwägung ziehen, Färbemittel beimengen oder es lackieren, um ihm mehr Kontrast zu verleihen. Eine Mischung, die für Betonarbeitsplatten geeignet ist, ist eine gute Wahl, da sie eine kleinere Körnung hat, aber es funktioniert mit jeder Betonmischung.

Messen Sie während des Bauens häufiger nach und passen Sie die Maße der Ausnehmungen an, damit die Teile so gut wie möglich zusammenpassen.

VOGELBAD AUS BETON

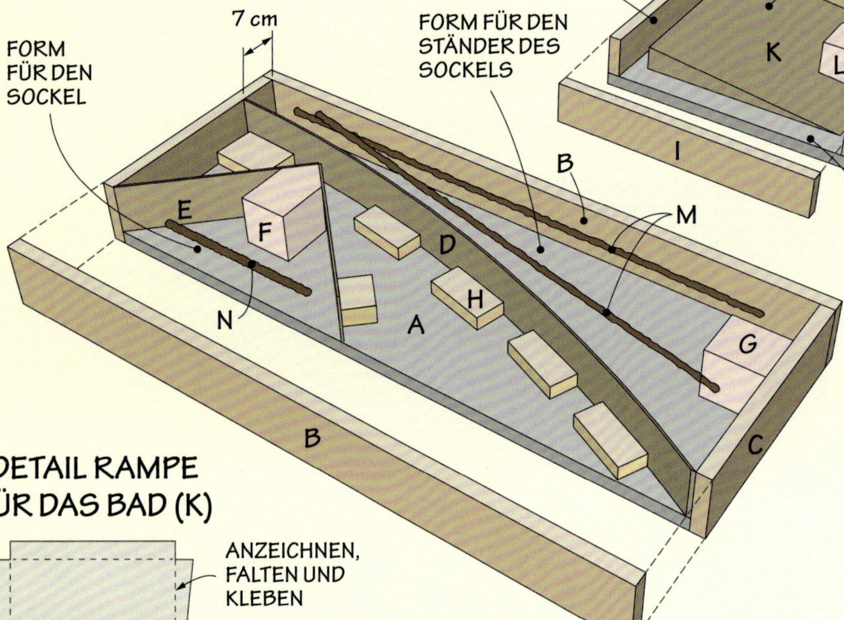

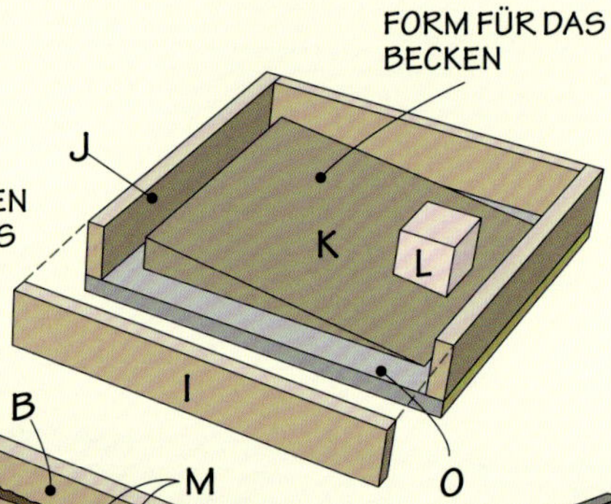

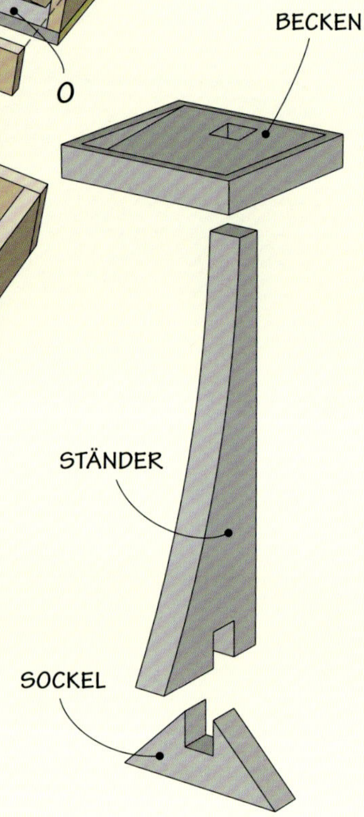

DETAIL RAMPE FÜR DAS BAD (K)

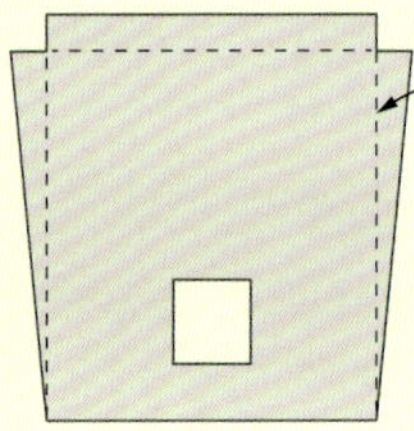

QUERSCHNITT FORM FÜR DAS BECKEN

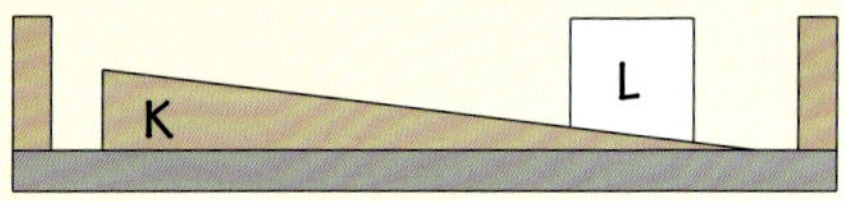

AUSNEHMUNGEN IM DETAIL

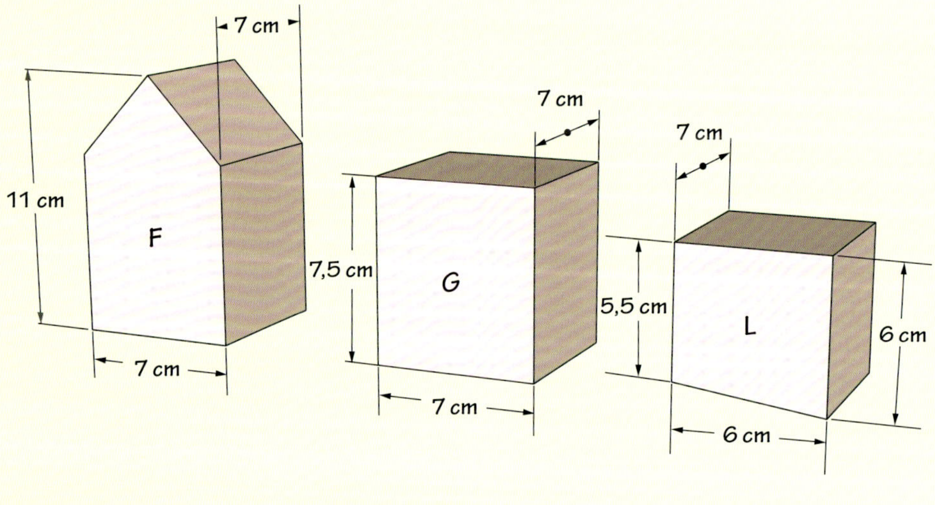

Zuschnittliste

Legende	Menge	Beschreibung	Maße
A	1	Unterseite der Form	2 x 30 x 85 cm
B	2	Längsseiten der Form	2 x 9 x 89 cm
C	2	Querseiten der Form	2 x 9 x 30 cm
D	1	Bogenform für den Sockel	0,5 x 7 x 89 cm
E	2	Gewinkelte Formen für den Ständer	0,5 x 7 x 27 cm
F	1	Ausnehmung für den Ständer	7 x 7 x 11 cm
G	1	Ausnehmung für den Sockel	7 x 7 x 7,5 cm
H	7	Stützkeile für die Form	2 x 4 x 7 cm
I	2	Längsseiten für das Becken	2 x 6,5 x 30 cm
J	2	Querseiten für das Becken	2 x 6,5 x 34 cm
K	1	Keil für den Boden des Beckens	5 x 25 x 25 cm
L	1	Ausnehmung durch das Becken	7 x 6 x 6 cm
M	2	Bewehrungsstahl	1 (Ø) x 75 cm
N	1	Bewehrungsstahl	1 (Ø) x 25 cm
O	1	Boden für das Becken	34 x 34 cm

Materialliste

Menge	Beschreibung	
1	2 x 5 x 250 cm	1 Sack Betonmischung, 40 kg
1	2 x 7,5 x 250 cm	Schrauben, 48 cm
1	2 x 10 x 250 cm	Trockenbauschrauben, 5 cm
2 x 60 x 120 cm Melaminspanplatte		Abdeckband
	0,5 x 60 x 120 cm Pressplatte	Silikonmasse
	1 x 250 cm Bewehrungsstahl	Antihaftspray zum Kochen/Backen
	Silikonmasse und -kleber	Färbemittel (optional)
Hartschaumdämmstoff, 5 cm (0,1 m²)		

Werkzeug	
Bohrer/Schrauber	Stanleymesser
Kleine Plane oder Plastikfolie zum Abdecken	
Mischwanne	

Grundwissen Vogelbad

Stellen Sie Ihr Vogelbad im Schatten auf und halten Sie es immer mit Wasser gefüllt. Auch über die Möglichkeit eines sonnenbetriebenen Brunnens nachdenken. Es kann versucht werden, eine Flasche oder einen Eimer mit einem kleinen Loch im Boden über dem Bad aufzuhängen. Das langsame Tröpfeln signalisiert den Vögeln, dass Wasser in der Nähe ist und hält das Bad mit frischem Wasser gefüllt.

Bauanleitung Vogelbad aus Beton

1

2

(#1) Die Kastenformen für das Becken und den Sockel aus der Spanplatte und dem 10 cm breiten Holz dem Diagramm auf Seite 164 entsprechend bauen. Trockenbauschrauben mit weiterem Gewinde (5 cm) verwenden, um die Seitenteile aus Holz an den Platten für die Form zu befestigen.

(#2) Formen Sie die gebogene Seite des Sockels und des Ständers, indem Sie die Pressplatte in 7 cm breite Streifen schneiden. Die Blöcke aus Holzresten alle 15 bis 20 cm außen an die Pressplatte schrauben, um sie an ihrem Platz zu halten. Die Ausnehmungen oben und unten an Sockel und Ständer gestalten, da diese die beiden Teile miteinander verbinden, wenn das Werkstück fertig ist.

(#3) Eine quadratische Form mit einer Seitenlänge von 30 cm und einer Tiefe von 6,5 cm ergibt das Becken. Ein rampenförmiger Einsatz mit der Größe von 25 x 25 x 5 cm wird auf dem Boden der Form angebracht, sodass der Boden des Beckens geneigt ist, wenn er gegossen wird. Bauen Sie die Rampe aus Holzresten oder aus mit Klebeband zusammengeklebten Pressplatten.

(#4) Eine Ausnehmung aus einer Hartschaumplatte oder einer Pressplatte unten an der Rampe anbringen, sodass der Sockel an der Rückseite des Beckens hineinpasst. Für Details siehe Illustration auf Seite 164.

(#5) Tragen Sie eine dünne Schicht Silikonmasse an den unteren Kanten der Rampe auf und drücken Sie sie dann in der Mitte des Beckens fest.

(#6) Die inneren Oberflächen der Formen mit Antihaftspray zum Kochen und Backen als Trennmittel besprühen.

7

8

9

10

(#7) Den Beton den Anweisungen des Herstellers folgend anrühren. Farbe, Zusätze oder Einlagen hinzufügen, falls gewünscht. Die Betonmischung in die Formen für Becken und Ständer gießen und auch in die Ecken verteilen. Den Sockel und die Stütze mit Bewehrungsstahl versehen, wenn die Form halb gefüllt ist, weiter mit Beton füllen.

(#8) Die Betonmischung in die Form für das Becken füllen, darauf achten, dass der Bereich rund um die Ausnehmung vollständig gefüllt ist.

(#9) Das Design des Vogelbades ist relativ dünn, nämlich nur ca. 4 cm dick, also lässt man den Beton länger trocknen und fest werden, bevor man versucht, die Formen zu entfernen – mindestens für vier bis sechs Tage. Dann die Formen vorsichtig auseinandernehmen.

(#10) Die Ausnehmungen entfernen. Die Betonteile mit Plastik bedecken und weitere drei bis vier Tage aushärten lassen. Bringen Sie den aufgestellten Fuß entgegengesetzt zum Sockel mit Silikonkleber an diesem an. Den Kleber ein paar Tage trocknen lassen und dann das Becken oben auf den Sockel stecken.

Umrechnung von amerikanischen/britischen in metrische Maßeinheiten

Von:	in:	zu multiplizieren mit:
Zoll	Millimeter	25,4
Zoll	Zentimeter	2,54
Fuß	Meter	0,305
Yards	Meter	0,914
Quadratzoll	Quadratzentimeter	6,45
Quadratfuß	Quadratmeter	0,0093
Quadratyards	Quadratmeter	0,836
Unzen	Milliliter	30,0
Pint (USA)	Liter	0,473 (GB: 0,568)
Quart (USA)	Liter	0,946 (GB: 1,136)
Gallonen (USA)	Liter	3,785 (GB: 4,546)
Unzen	Gramm	28,4
Pfund	Kilogramm	0,454

Von:	in:	zu multiplizieren mit:
Millimeter	Zoll	0,039
Zentimeter	Zoll	0,394
Meter	Fuß	3,28
Meter	Yards	1,09
Quadratzentimeter	Quadratzoll	0,155
Quadratmeter	Quadratfuß	10,8
Quadratmeter	Quadratyards	1,2
Milliliter	Unzen	0,33
Liter	Pint (USA)	2,114 (GB: 1,76)
Liter	Quart (USA)	1,057 (GB: 0,88)
Liter	Gallonen (USA)	0,264 (GB: 0,22)
Gramm	Unzen	0,035
Kilogramm	Pfund	2,2

Umrechnung von Temperaturen

Rechnen Sie Grad Fahrenheit (F) in Grad Celsius (C) mit dieser einfachen Formel um:
Ziehen Sie 32 von der abgelesenen Fahrenheittemperatur ab. Dann multiplizieren Sie diese Zahl mit 0,55. Zum Beispiel: 77 °F – 32 = 45. 45 x 0,55 = 25 °C.
Um Grad Celsius in Grad Fahrenheit umzurechnen, multiplizieren Sie die abgelesene Celsiustemperatur mit 0,55. Dann zählen Sie 32 hinzu. Zum Beispiel: 25 °C x 0,55 = 45. 45 + 32 = 77 °F.

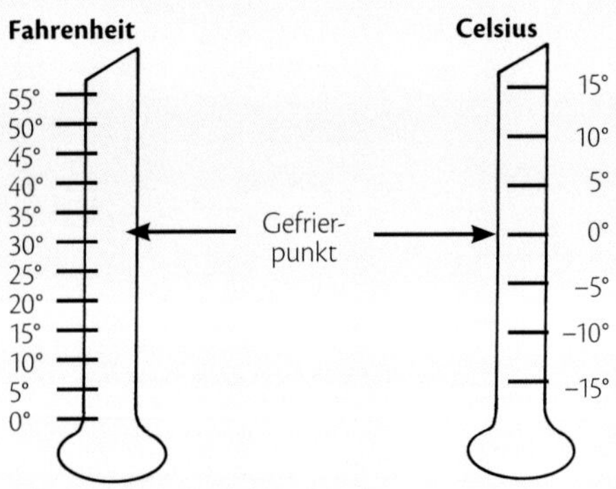

Sperrholzplatten

Sperrholzplatten sind standardmäßig in verschiedenen Größen und Stärken sowie in unterschiedlichen Qualitäten erhältlich.

Verbreitete Maße	Verbreitete Stärken
100 x 200/250/300 cm	4 mm
110 x 220 cm	5 mm
122 x 244 cm	8 mm
125 x 125/250 cm	10 mm
150 x 250 cm	12 mm
170 x 250 cm	15 mm
172 x 252 cm	18 mm
250 x 122 cm	22 mm

Einige gängige Holzmaße

Kantholz, sägerau	Kantholz, gehobelt
8 x 8 cm	7 x 7 cm
8 x 10 cm	7 x 9 cm
8 x 120 cm	7 x 10 cm
10 x 10 cm	9 x 9 cm
12 x 12 cm	11 x 11 cm

Bretter, sägerau	Bretter, glatt
2,4 x 8 cm	2 x 110 cm
2,4 x 10 cm	2 x 130 cm
2,4 x 12,5 cm	2 x 150 cm
3 x 20 cm	

Latten, sägerau	Latten, gehobelt
	2 x 5 cm
2,4 x 4,8 cm	2 x 7 cm
2,8 x 4,8 cm	2 x 9 cm
3,8 x 5,8 cm	3 x 5 cm
5 x 5 cm	4 x 4 cm

Staffeln, sägerau	Staffeln, gehobelt
5 x 8 cm	5,5 x 5,5 cm
10 x 10 cm	7 x 7 cm
	9 x 9 cm
	4,5 x 7,5 cm

Pfosten

4 x 16/20/25 cm

5 x 20/25 cm

Maße von Flüssigkeiten

1 Pint = 16 Flüssigunzen = 2 Becher
1 Quart = 32 Flüssigunzen = 2 Pinten
1 Gallone = 128 Flüssigunzen = 4 Quarts

Leitfaden für Bohraufsätze

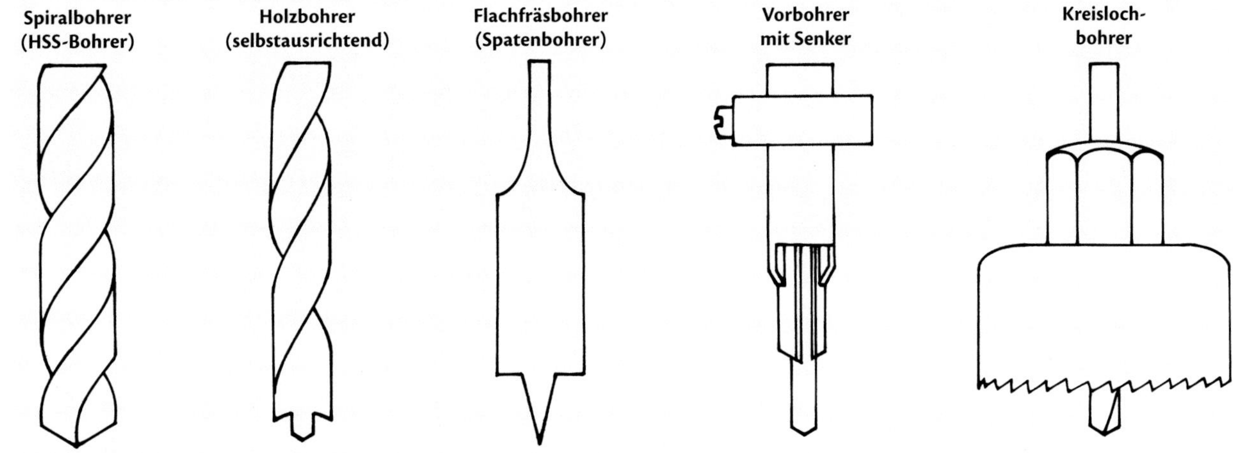

Schraubengrößen und Durchmesser (Senkschrauben)

Schraubengröße	Durchmesser	Kopfdurchmesser	Durchmesser Vorbohrloch	Durchmesser Durchgangsloch für Schrauben
M 1,4	1,4 mm	2,6 mm	0,5–1 mm	1,5–1,7 mm
M 1,6	1,6 mm	3 mm	0,5–1 mm	1,7–2 mm
M 2	2 mm	3,8 mm	0,5–1 mm	2,2–2,6 mm
M 2,5	2,5 mm	4,7 mm	1–2 mm	2,7–3,1 mm
M 3	3 mm	5,6 mm	1,5–2 mm	3,2–3,6 mm
M 4	4 mm	7,5 mm	2,5–3 mm	4,3–4,8 mm
M 5	5 mm	9,2 mm	3–3,5 mm	5,3–5,8 mm
M 6	6 mm	11 mm	4 mm	6,4–7 mm
M 8	8 mm	14,5 mm	5–6 mm	8,4–10 mm
M 10	10 mm	18 mm	8–9 mm	10,5–12 mm
M 12	12 mm	22 mm	9–11 mm	13–14,5 mm
M 16	16 mm	29 mm	13–15 mm	17–18,5 mm

Schleifpapierkörnung (Aluminiumoxid)

Sehr grob	Grob	Mittel	Fein	Sehr fein
12–36	40–60	80–120	150–180	220–600

Die Wahl des richtigen Holzes

Das richtige Holz für ein Projekt auszuwählen, ist eine Entscheidung, die die Widerstandsfähigkeit und den Reiz des fertigen Werkstücks beeinflusst. Einige Hölzer sind anfälliger dafür, sich zu verbiegen als andere, einige sind fäulnisbeständiger und andere sind besser, wenn es darum geht, eine Schicht Farbe aufzutragen, Stile und Holzvarianten aufeinander abzustimmen. Das Angleichen von Stilen und Holzarten hilft Ihnen dabei, eine einheitliche Linie für Ihr Zuhause zu finden.

Holzmaße werden in Nominalmaßen angegeben. Die tatsächlichen Maße des Holzes sind etwas kleiner als die Nominalmaße. Wenn das Holz aus dem Sägewerk kommt, wird es zu Nominalgrößen zugeschnitten (sägerau); allerdings wird das Holz dann gehobelt, damit es eine glattere Oberfläche bekommt, was zu den Ist-Maßen führt, die Sie im Geschäft (Baumarkt etc.) kaufen. Vergleichen Sie hierzu die Tabelle auf der gegenüberliegenden Seite und auf Seite 168.

Weichholz	**Beschreibung**	**Verwendung**
Zeder	Leicht zu schneiden, Farbe hält gut. Kernholz fäulnisbeständig	Terrassen, Schindeln, Pfosten und andere fäulnisanfällige Oberflächen
Tanne, Lärche	Steifes, hartes Holz. Hält Nägel gut. Manche Arten lassen sich schwer sägen	Rahmenwerk, Böden und Unterböden
Kiefer	Leichtes, weiches Holz mit der Tendenz, zu schrumpfen. Hält Nägel gut. Manche Arten fäulnisbeständig	Vertäfelung, Zierleisten, Verkleidungen und Terrassen
Fichte	Leichtes, weiches Holz, mäßig schwindend; leicht zu bearbeiten	Wichtiges Bau- und Konstruktionsholz; sehr vielseitig
Behandeltes Holz	Chemisch behandelt zur Fäulnisbeständigkeit. Nur korrosionsbeständige Befestigungsmittel verwenden. Schutzkleidung und -brillen tragen, um Haut-, Augen- und Atemwegsirritationen zu vermeiden.	Bodenkontakt und andere Anwendungen im Außenbereich, wo Fäulnisbeständigkeit wichtig ist

Hartholz	**Beschreibung**	**Verwendung**
Birke	Hartes, starkes Holz, leicht zu sägen und gut zu streichen	Gestrichene Schränke, Zierleisten, Sperrholz
Ahorn	Schweres, hartes, starkes Holz, schwer mit Handwerkzeug zu sägen	Böden, Möbel und Arbeitsplatten
Pappel	Weiches, leichtes Holz, leicht mit Hand- und Elektrowerkzeug zu sägen	Gestrichene Schränke, Zierleisten, Nut- und Feder-Verkleidung, Sperrholzkern
Eiche	Schweres, hartes, starkes Holz, schwer mit Handwerkzeug zu schneiden	Möbel, Böden, Türen, Zierleisten
Walnuss	Schweres, hartes, starkes Holz, leicht zu schneiden	Feine Holzarbeiten, Verkleidungen und Kaminsimse

Typ	Beschreibung	Einige gängige Maße
Hobelware 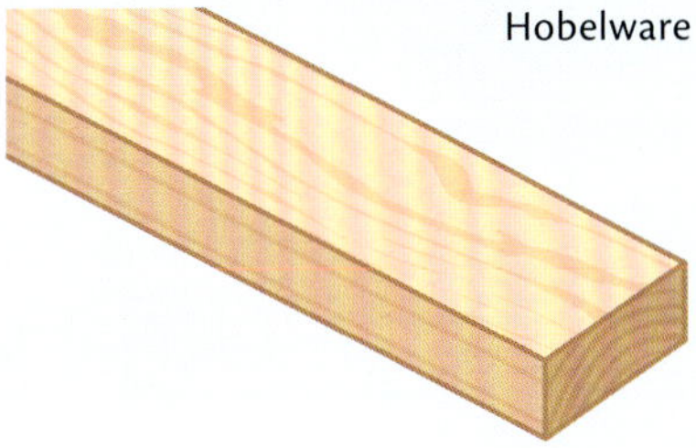	Wände bei Rahmenbauweise, Decken, Böden, Dachsparren, raumbildender Ausbau, Außendielen, Zäune und Treppen	In der Regel können alle gängigen Schnitthölzer (siehe Seite 168) ein- bis vierseitig gehobelt werden. Pro Hobeldurchgang reduziert sich das Maß um etwa 3–5 mm.
Latten 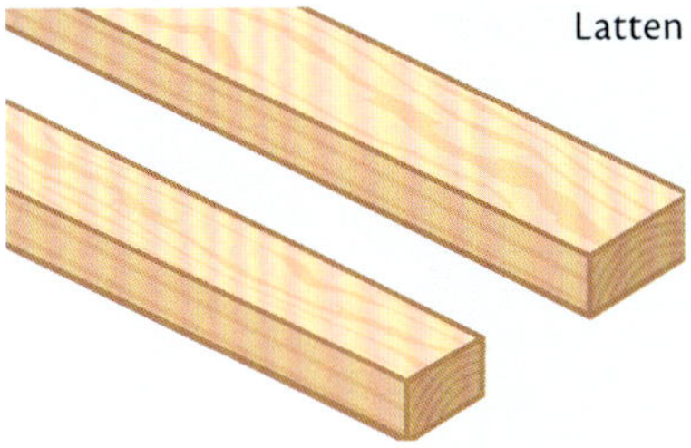	Wände bei Rahmenbauweise, Decken, Böden, Dachsparren, raumbildender Ausbau, Außendielen, Zäune und Treppen	Latten sind sägerau oder gehobelt erhältlich, z. B.: 2 x 5 cm 2 x 7 cm 2 x 9 cm 3 x 5 cm 4 x 4 cm
Nut- und Federbretter 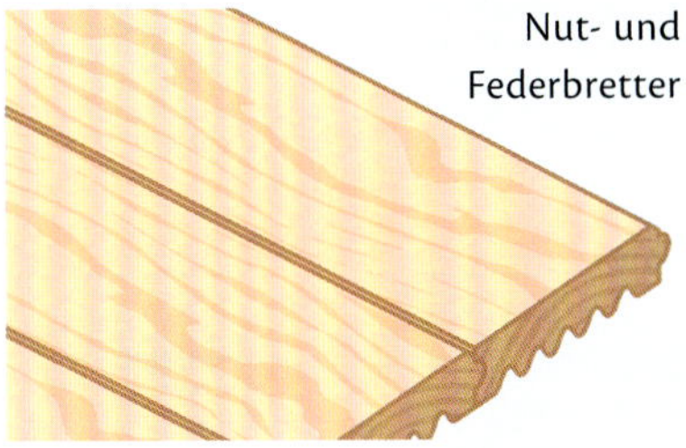	Holzvertäfelungen und Verkleidungen von Wänden und Decken auf voller Länge	1,25 x 9,6 cm 1,9 x 15 cm 1,7 x 15 cm 1,5 x 12 cm 1,9 x 12 cm 1,9 x 11,6 cm 2,4 x 12 cm
Glattkantbretter 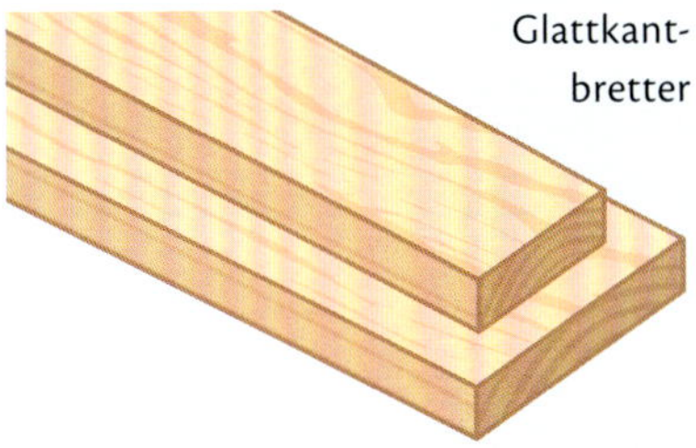	Leisten, Regale, Schränke und andere Anwendungsbereiche, wo eine feine Fertigung benötigt wird.	1,8 x 19,5 cm 1,8 x 17 cm 2 x 9 cm 2 x 11 cm 2 x 12 cm 2 x 13 cm 2 x 15 cm
Brettschichtholz 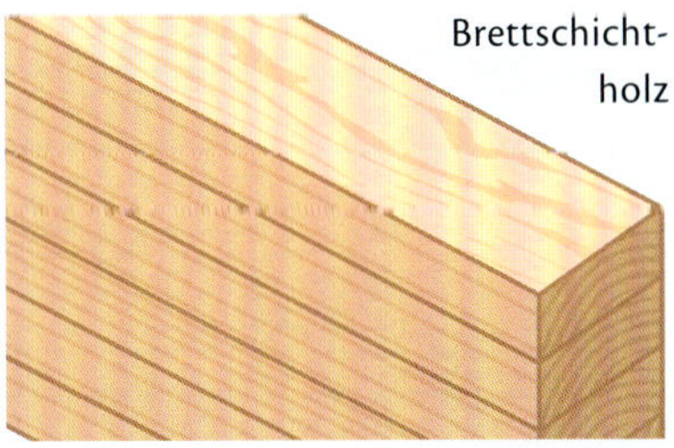	Besteht aus verleimten Holzschichten, die zusammen ein durchgehendes Stück ergeben; für Träger und Balken	8 x 8/12/14/16/20 cm 10 x 20 cm 12 x 12/16/20 cm 14 x 14/20 cm Brettschichtholz ist in Breiten von 6–26 cm (in 2-cm-Schritten) und in Höhen bis 128 cm (in 4-cm-Schritten) erhältlich; Lamellenstärke häufig 4 cm.
Furnierschichtholz 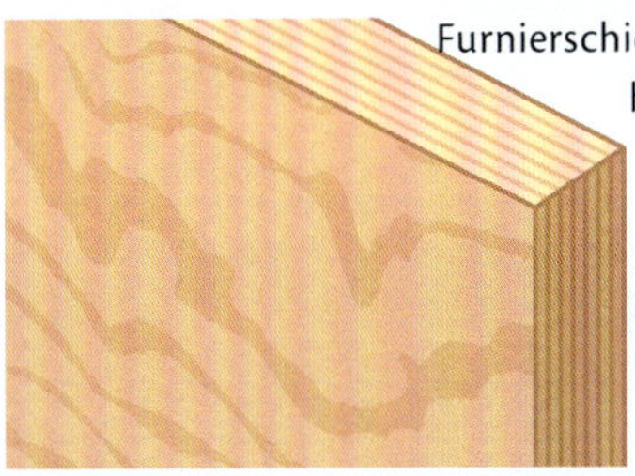	Besteht aus dünnen, verleimten Schichten; für Träger und Balken	4 x 7 cm 4 x 10/12/16 cm 6 x 10/12/16/20/24/28/32/40 /60 cm 4 x 182 cm 6 x 60 cm

Holzkennzeichnung

Oben im Bild ist eine typische Kennzeichnung (im amerikanischen Raum) zu sehen.

Heutzutage ist Holz meist noch recht feucht, wenn es verkauft wird, sodass es schwer ist, vorauszusagen, wie es sich verhält, wenn es trocknet. Aber eine Schnellinspektion eines jeden Bretts im Sägewerk oder Baumarkt wird Ihnen dabei helfen, mangelhafte Bretter auszusortieren. Holz, das nach oben gebogen, verdreht oder gekrümmt ist, sollten Sie nicht in der vollen Länge verwenden. Allerdings kann es Ihnen gelingen, die guten Teile herauszuschneiden, um sie für kurze Rahmenkonstruktionen zu verwenden. Wenn ein Brett nur leicht gebogen ist, wird es wahrscheinlich beim Nageln gerade. Risse, Baumkanten und Äste im Holz sind kosmetische Fehler, die nur selten die Beständigkeit des Holzes beeinflussen. Die Ausnahme sind lockere oder fehlende Äste im Holz. In diesem Falle schneiden Sie den beschädigten Bereich weg. Gespaltene Teile sollten ebenfalls weggeschnitten werden. Es ist wahrscheinlich, dass Spalten sich ausbreiten, wenn das Holz trocknet.

Holzfehler

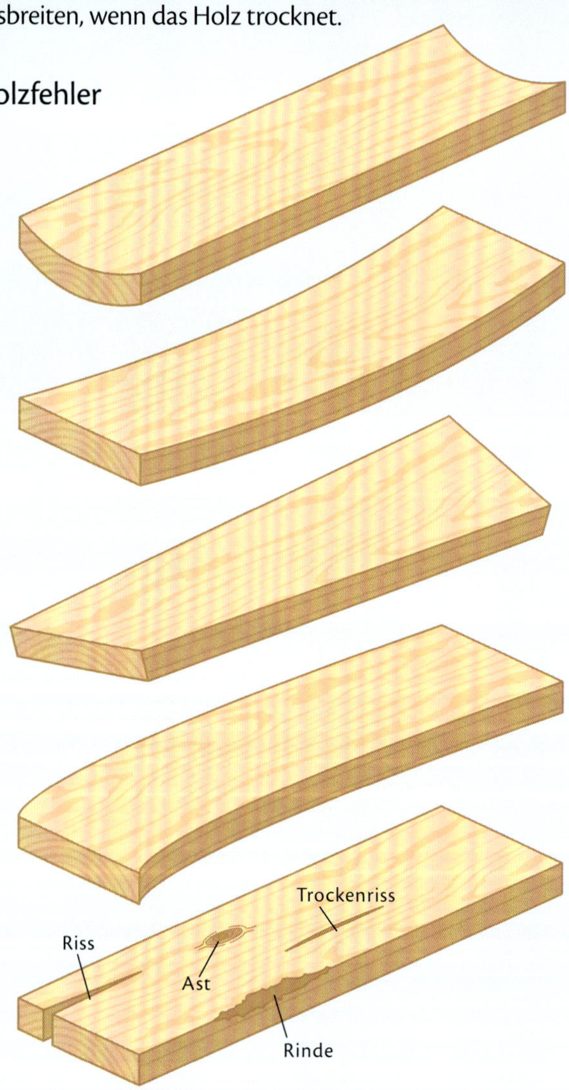

Güteklasse*	**Beschreibung**
Güteklasse I	Sehr gut, kaum Holzfehler
Güteklasse II	Gut
Güteklasse III	Besserer Durchschnitt
Güteklasse IV	Schlechterer Durchschnitt
Güteklasse V	Schlecht

* nach DIN 1052

STICHWORTVERZEICHNIS

DER AUTOR

Michael R. Anderson hat sowohl im Werbe- als auch im Redaktionsbereich als Graphikdesigner, Illustrator, Fotograf und Schreiber gearbeitet. Er war über zehn Jahre lang Leitender Grafiker beim HANDY-Magazin, wo er zahlreiche Heimwerker-Projekte entworfen hat. Derzeit arbeitet er als Technischer Zeichner in Minneapolis in Minnesota.

AUS UNSEREM PROGRAMM

ISBN 978-3-7020-1575-6
Vicky Grubb
Sofa, Sessel, Schemel & Co.
Frisch bezogen – Neu gepolstert
Ideen und Projekte für Einsteiger
128 Seiten, Großformat

ISBN 978-3-7020-1425-4
Chris Gleason
Alles aus Holzpaletten
Günstig – kreativ – selbstgemacht
128 Seiten

ISBN 978-3-7020-1408-7
Sofie Meys
Deko aus Beton
Schönes für Garten & Haus selbst gemacht!
168 Seiten

ISBN 978-3-7020-1587-9
Everett Ellenwood
Schnitzen. Das umfassende Praxisbuch
Mit über 850 Abbildungen!
278 Seiten, Großformat

ISBN 978-3-7020-1614-2
Tom Hindes
Schnell geschnitzt
Lustige Figuren in 20 Minuten
96 Seiten

ISBN 978-3-7020-1619-7
Carole Rothman
Schüsseln, Schalen und Vasen aus Holz
28 praktische Projekte mit der Dekupiersäge gestalten
136 Seiten, Großformat

ISBN 978-3-7020-1466-7
John Nelson u. a.
Das große Buch der Dekupiersäge
Über 60 Projekte und Techniken für die Feinschnittsäge – Holzarbeiten leicht gemacht
184 Seiten, Großformat

ISBN 978-3-7020-1563-3
Kathy Wise
Holztiere und Figuren
Mit der Feinschnittsäge kreativ gestalten – Arbeitsbuch Dekupiersäge
128 Seiten, Großformat

ISBN 978-3-7020-1492-6
Weihnachtsschmuck selbst gesägt
Deko-Ideen aus Holz von einfach bis fortgeschritten – Für Laub- und Dekupiersäge
160 Seiten, Großformat

ISBN 978-3-7020-1234-2
Christian Zeppetzauer
Drechseln leicht gemacht!
136 Seiten

ISBN 978-3-7020-1552-7
Christian Zeppetzauer
Grünholzdrechseln für Einsteiger
500 Schritt-für-Schritt-Abbildungen
160 Seiten

ISBN 978-3-7020-1081-2
Dieter Gamsjäger
Holzspiele
Selbst gebastelt!
128 Seiten

ISBN 978-3-7020-1354-7
Denzer/Field
Lehm-Backöfen
Selbst gebaut!
160 Seiten

ISBN 978-3-7020-1117-8
Wolfgang Milan
Zäune aus Holz
Alte Vorbilder – Neue Formen
133 Seiten

LEOPOLD STOCKER VERLAG
GRAZ – STUTTGART
WWW.STOCKER-VERLAG.COM